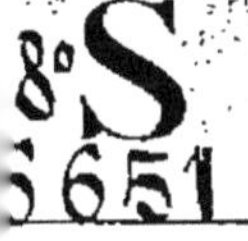

# LA QUESTION

DU

# CHARBON DE TERRE

PAR

## ALBERT DE LAPPARENT

ANCIEN INGÉNIEUR AU CORPS DES MINES

PARIS

LIBRAIRIE F. SAVY

77, BOULEVARD SAINT-GERMAIN, 77

1890

# LA QUESTION

## DU

# CHARBON DE TERRE

# LA QUESTION

## DU

# CHARBON DE TERRE

PAR

## ALBERT DE LAPPARENT

ANCIEN INGÉNIEUR AU CORPS DES MINES

## PARIS

### LIBRAIRIE F. SAVY

77, BOULEVARD SAINT-GERMAIN, 77

—

1890

# LA QUESTION

## DU

# CHARBON DE TERRE

## I

## LA HOUILLE ET LA DÉFENSE NATIONALE

On a dit, à juste titre, de la houille ou charbon de terre, qu'elle était le pain quotidien de l'industrie. Comme le pain dont se nourrissent les hommes, cet indispensable aliment des machines modernes subit, dans son prix, des fluctuations diverses. Il est des moments où le marché se resserre, au point de laisser craindre une véritable famine; d'autres fois les cours s'avilissent, menaçant de causer la ruine des producteurs; puis la question sociale intervient, et des grèves éclatent, qui troublent violemment les conditions économiques. De là des « crises houillères » ou « crises charbonnières », comme on les appelle, devenant de plus en plus fréquentes et plus aiguës, à mesure que se développe, à travers le monde, la consommation du combustible minéral. Encore, jusqu'à ces derniers temps, semblait-il que l'influence de ces perturbations ne dût pas s'étendre au delà du domaine de l'industrie proprement dite. Mais voici que, de divers côtés, on essaye d'y rattacher le plus vital et malheureusement le plus actuel de tous les intérêts, celui de la défense nationale.

Il y a peu de jours, une feuille qui reçoit les inspirations de l'un des chefs du radicalisme contemporain, la *Justice*, étalait en gros caractères ces mots : « Le meilleur fusil », en tête d'un article de première page, qui débutait ainsi :

Le meilleur fusil n'est pas le fusil Lebel, la meilleure poudre n'est pas la poudre sans fumée, le meilleur canon n'est pas plus le canon de bronze que celui d'acier fondu. La victoire n'est ni aux gros bataillons, ni aux camps les mieux retranchés, ni aux colombes, ni aux ballons, ni aux chemins de fer, ni aux chiens savants.

Plus il y a de gros bataillons, plus il faut de chemins de fer; plus il y a de chemins de fer, plus il faut de charbon. Du charbon, toujours du charbon, encore du charbon! Telle est la loi de la guerre... Pas de combustible, pas de mobilisation!

Après ce début, l'auteur de l'article dépeignait, avec un lyrisme empreint d'une visible complaisance, l'ouvrier mineur ou plutôt, pour emprunter son langage, « le forçat de la mine », se réveillant de sa léthargie et découvrant enfin l'importance de son rôle, pour crier, aux rois de l'industrie : « J'affamerai vos usines! » et aux rois des nations : « Je vais immobiliser vos armées! » Comment cela? Tout simplement par la grève. Au mois de janvier, en effet, ce fléau sévissait en Belgique, dans le bassin de Charleroi. L'année dernière, au mois de mai, une autre grève avait paralysé la production de la Westphalie et contraint l'État prussien à entamer un instant les réserves militaires, créées en vue de la mobilisation.

De là (toujours au dire de la *Justice*), une panique, dont les *Nouvelles de Hambourg*, feuille inspirée par l'état-major allemand, se seraient fait l'écho un peu trop naïf, en avouant que la houille est le vrai nerf de la guerre, et qu'il faut, en temps de paix, constituer des approvisionnements formidables. C'est, paraît-il, ce que les ouvriers westphaliens commençaient à comprendre. Aussi, se sentant maîtres de cet intérêt capital, comptaient-ils organiser prochainement une grève générale. Seulement ils en ajournaient l'éclosion après les élections pour le Reichstag, afin de ne pas trop effrayer les bourgeois durant la période électorale.

Les radicaux n'étaient pas seuls à exprimer ces alarmes. Le *Figaro*, de son côté, signalait la mobilisation comme étant à la merci d'une grève, qui paralyserait tous les préparatifs de défense en nous forçant à déposer les armes.

Le grave *Temps* lui-même, sans être aussi pessimiste, tenait, dans son numéro du 15 janvier 1890, un langage analogue.

N'oublions pas, disait-il, qu'en cas de guerre la France pourrait n'avoir à compter que sur la houille qu'elle tire de ses exploitations... En dehors de ses approvisionnements de forteresse, elle n'a, comme stocks de guerre, que ceux que les cahiers des charges imposent aux compagnies de chemins de fer et aux administrations qui dépendent de l'État.

L'*Autorité* insistait aussi sur la nécessité où est la France de posséder toujours les quantités de houille voulues pour la consommation d'une longue guerre. Le rédacteur de l'article évaluait ces quantités à *une vingtaine de millions de tonnes* (sans savoir, probablement, que telle était la production entière de la France durant toute une année); après quoi il s'écriait, non sans quelque emphase :

Ce *supplément* essentiel, indispensable à notre sécurité, sans lequel tous nos moyens de défense resteraient inertes et inutilisables, le possédons-nous actuellement, le possédons-nous d'ordinaire, le possédons-nous toujours? Qui pourrait en donner l'assurance?

On le voit : c'est une campagne de presse en règle. Le *Caveant consules* retentit de toutes parts, et il semble que la grève de Belgique ait subitement ouvert les yeux à tout le monde sur un péril non encore soupçonné. Reconnaissons, du reste, qu'en face des sommations de la presse, le gouvernement a fait tout ce qu'il fallait pour accréditer l'idée du danger. Dans la crainte, sans doute, de paraître moins bon patriote que les journaux, le ministère de la guerre, avec une précipitation un peu trop voisine de l'affolement, a frappé à diverses portes, comme s'il était urgent d'obtenir de nouveaux engagements en vue du fameux stock de guerre, et ainsi une crise, qu'avec un peu de tact et de prévoyance on pouvait enrayer dès le début, a pris, par la faute de tous, des proportions et un retentissement véritablement excessifs.

Qu'y a-t-il au fond de ce mouvement? Un sceptique, versé dans la connaissance des ressorts qui font habituellement jouer ce qu'on appelle « les organes de l'opinion publique », serait fortement tenté d'y voir un tapage mené, ou tout au moins entretenu, par la spéculation. *Is fecit cui prodest*, dit la sagesse des nations. Assez de gens sont intéressés à la hausse du charbon, et leurs relations avec la presse sont trop faciles à établir, pour qu'une hypothèse de ce genre n'offre rien d'invraisemblable.

L'expérience a prouvé qu'à l'inverse de ce qu'on pourrait croire, il en est des affaires industrielles comme des opérations de bourse; le public attend la hausse pour acheter; les bas prix lui semblent l'indice d'une situation qui ne peut que s'aggraver, tandis que, si la hausse survient, il achète de peur de manquer. C'est ce que n'ignorent pas les détenteurs de charbon et, quand les conditions du marché leur paraissent bonnes, ils organisent, pour vendre, des campagnes de hausse, toujours assurées de produire leur effet. Mais, à de telles campagnes, il faut au moins des prétextes, et celui dont nous venons de parler semble favorable entre tous. C'est une si bonne occasion de pouvoir couvrir ses desseins en invoquant de *patriotiques angoisses!* Il ne s'agit plus d'étaler, devant des lecteurs distraits, des considérations économiques contestables, dans lesquelles on pourrait toujours être soupçonné de ne pas apporter assez de lumières ou de désintéressement. C'est le sort de la patrie qui est en jeu. L'ennemi est aux portes! La maison brûle! Quelle belle plate-forme pour les habiles à qui la panique peut profiter!

Mais, à supposer que l'idée d'un aussi noir calcul doive être pour le moment écartée, il peut suffire, pour se tranquilliser, de réfléchir à la légèreté, doublée d'incompétence, avec laquelle sont si souvent entamées les campagnes de presse? Depuis le jour néfaste où le Capitole a été sauvé par une intervention aussi bruyante qu'inconsciente, combien de gens s'imaginent que les clameurs sont nécessaires au salut de la patrie, s'attachant plus à crier fort qu'à crier juste, aujourd'hui surtout que les journaux fourmillent, toujours prêts, sous couleur de vigilance, à accueillir ces démonstrations et à en favoriser le retentissement.

Tout d'abord, ne convient-il pas de se mettre en garde contre la tendance qui se dessine de nos jours à exagérer outre mesure le caractère scientifique, et en quelque sorte industriel, des guerres futures? On dirait vraiment que la valeur, la discipline et même le nombre des combattants sont destinés à devenir des facteurs presque négligeables au regard du nouvel outillage, et que des machines blindées, circulant sur des voies ferrées, fourniront désormais la réponse à toutes les nécessités de la lutte. C'est, croyons-nous, une illusion qu'il serait dangereux d'entretenir; car, si savante et si bien prévue que soit, sur le papier, l'organisation militaire des chemins de fer, il ne faut pas oublier qu'elle est à la merci, non seulement de la conscience et de l'exactitude des hommes appelés à la mettre en jeu, mais encore du moindre accroc susceptible de se produire dans son fonctionnement; et si de tels incidents sont trop fréquents au cours de l'exploitation normale des voies ferrées, combien n'en doit-on pas redouter le retour au milieu des tumultes d'une guerre à ses débuts? C'est pourquoi nous persistons à croire que les machines, et avec elles le charbon qui doit les alimenter, importent moins à la sauvegarde du territoire, que la bravoure et la discipline des soldats, jointes au dévouement et à l'habileté des chefs.

Cette réserve faite, il n'en reste pas moins vrai qu'avec la conception moderne des multitudes armées, les chemins de fer sont appelés à jouer un rôle considérable dans la défense d'un pays. S'il est indispensable que les soldats soient braves et bien commandés, il y a une nécessité qui précède toutes les autres, c'est celle de pourvoir à l'approvisionnement, en vivres et en munitions, des masses d'hommes que les guerres doivent aujourd'hui mettre en mouvement. Seules, les voies ferrées y peuvent suffire, comme aussi elles sont l'indispensable instrument de la mobilisation et de la concentration des premières troupes. Enfin, le sort des batailles se décide généralement par l'arrivée opportune de renforts, et la possibilité de transporter rapidement un ou plusieurs corps d'armée d'un point à un autre figure parmi les obligations qui s'imposent durant tout le cours d'une guerre.

Mais, si ces vérités sont indiscutables, il ne s'ensuit pas qu'il soit très difficile de prendre à l'avance les mesures nécessaires pour donner satisfaction à de tels besoins. C'est là-dessus que portent principalement les exagérations de la presse, comme il va nous être facile de le montrer. Nous citions, quelques lignes plus haut, cette affirmation d'un journaliste, qu'une guerre entraînerait, en France, la consommation de *vingt millions de tonnes* de houille. Or voici des chiffres qui permettront d'apprécier la valeur de cette proposition. La France consomme aujourd'hui, chaque année, *trente-cinq millions* de tonnes, dont *le dixième* seulement, soit *trois millions et demi* de tonnes, suffit à entretenir, pendant douze mois, l'activité des voies ferrées en pleine exploitation. Quelle part de ces 3 millions serait nécessaire pour assurer la mobilisation et la concentration des troupes? Nous ne craindrons pas d'être démenti par aucun de ceux qui connaissent l'étendue des délais prévus pour la mobilisation totale, si nous affirmons qu'il ne faudrait pas sensiblement plus de *quatre à cinq cent mille tonnes.* Quant au stock de guerre des camps retranchés, comme il s'agit surtout de pourvoir aux besoins essentiels des habitants, si l'on tient compte, d'après les statistiques, de la part habituellement réservée aux usages domestiques, en dehors de la consommation industrielle proprement dite, on trouvera que l'importance de ce stock n'a nullement besoin d'être supérieure à *deux cent mille* tonnes. En effet, l'économie domestique réclame, en France, environ le dixième de la consommation totale, c'est-à-dire aujourd'hui 3 millions et demi de tonnes. D'autre part, le nombre des personnes abritées dans les camps retranchés ne représenterait certainement pas, en cas de guerre, la quinzième partie de la population entière du pays. Comme on ne peut pas supposer un investissement d'une durée supérieure à six mois, on voit que les 200 000 tonnes que nous indiquons ne seraient pas au-dessous des besoins probables et suffiraient à garantir, avec les usages domestiques proprement dits, les services municipaux, tels que celui du gaz et de l'eau.

En résumé, pour se mettre à l'abri des premiers et plus gros risques, il suffirait de *six cent mille* tonnes, ce qui forme *la cinquantième partie* de la consommation annuelle du pays. Nous voilà loin des 20 millions de tonnes réclamés, à titre de *supplément*, par le journaliste de l'*Autorité!*

De plus, ici intervient une considération capitale. Avec les exigences de l'organisation militaire moderne, qui disloque tous les services en appelant aux armes presque tous les hommes valides, on peut affirmer que si, ce qu'à Dieu ne plaise, la guerre venait à éclater, la mise en jeu de la mobilisation paralyserait, au moins momentanément, l'essor de l'industrie nationale. La plupart des usines devraient éteindre leurs feux, et le stock de ces ateliers, devenu disponible, pourrait être réquisitionné comme objet de première nécessité pour la défense. Or, en temps ordinaire, il n'est guère d'usine qui ne possède, en approvisionnements de charbon, au moins la douzième partie de sa consommation annuelle. D'ailleurs, en dehors des chemins de fer, les industries diverses emploient, en France, 21 millions de tonnes, pendant que la métallurgie en réclame d'habitude 4 ou 5 millions, soit en tout 25 en chiffres ronds. Le douzième formerait plus de *deux millions* de tonnes, disponibles à tout moment dans le pays et plus que suffisants pour garantir non seulement la formation du stock, mais le service ultérieur des chemins de fer pendant une guerre.

A cela il faut ajouter que les seuls bassins houillers du Gard et de l'Hérault, du Tarn et de l'Aveyron ont produit, l'année dernière, 3 millions et demi de tonnes. Si, par conséquent, les charbons anglais cessaient d'arriver dans nos ports et qu'une violation de la neutralité de la Belgique nous privât de la production du Nord et du Pas-de-Calais, la France trouverait encore dans les bassins du Midi, sans parler de ceux du Centre, qu'aucune invasion ne menace, de quoi subvenir aux nécessités de la défense.

Ainsi le charbon ne ferait pas défaut, même dans l'hypothèse d'un arrêt complet de l'importation étrangère. Il importe seulement de posséder à l'avance, dans des gares convenablement échelonnées, les provisions immédiatement nécessaires à la mobilisation proprement dite et à la concentration. Rien n'est plus facile que de préparer ce stock, surtout en le composant avec des briquettes qui, par leur forme, se prêtent à un entassement régulier et peuvent, moyennant certaines précautions élémentaires, se conserver longtemps sans altération sensible. Mais le soin de constituer ces approvisionnements de guerre appartient, ainsi que bien d'autres détails non moins essentiels, à l'accord des pouvoirs publics avec les compagnies de chemins de fer. Il y a longtemps que les bases de cet accord ont été fixées et qu'on est entré dans la période d'exécution. Se serait-il produit quelque incident, qui aurait compromis la constitution des stocks? Voici, croyons-nous, ce qui a pu donner lieu à l'émotion dont nous avons parlé. Les houillères de la Belgique et du nord de la France sont engagées, vis-à-vis de nos compagnies de chemins de fer, par des marchés à long terme, où les quantités à livrer par mois sont nettement définies. Quand la hausse actuelle s'est produite, à la fin de 1889, plus d'une houillère a dû céder à la tentation de ralentir ses envois aux chemins de fer, pour vendre à divers industriels, en profitant des cours élevés du moment, les approvisionnements qu'elle avait formés dans une autre vue. Alors, pour assurer le service durant cette période, on aura été conduit à entamer momentanément, dans une faible mesure, les stocks existants. Personne ne supposera, au moins en ce qui concerne les houillères françaises, qu'on eût usé de cette faculté, si l'on avait vu poindre à l'horizon quelque danger sérieux. Mais, en l'absence de toute menace immédiate, il aurait été, avouons-le, un peu cruel, de priver les charbonnages d'un bénéfice certain, pour les obliger à exécuter la lettre d'un contrat, en faveur duquel il n'était guère possible d'invoquer l'extrême urgence. C'est sans doute ce retard qui a motivé la campagne de presse dont nous avons

parlé. Mais ce n'est pas par un tel tapage, dispro-
portionné avec la gravité de l'événement, qu'on y
pouvait le mieux remédier. Deux mots, discrètement
glissés, par le ministre de la guerre, dans l'oreille
des directeurs des grandes compagnies, tous connus
par leur patriotisme et leur dévouement à la chose
publique, suffisaient pour qu'il y fût immédiatement
pourvu. Il était non moins facile de les charger
d'assurer la formation du stock de guerre parisien.
Tout cela pouvait se faire sans bruit, sans émouvoir
l'opinion publique, et surtout sans fournir à la spéculation des prétextes qu'elle n'est que trop disposée
à saisir. Et cela est si vrai que, tout récemment,
les pourparlers engagés entre le ministre de la
guerre et les compagnies les plus directement intéressées viennent d'aboutir à un résultat tout à fait
tranquillisant.

En résumé, nous croyons qu'il convient de revenir
de cette alarme si chaude et que la défense nationale
n'a nullement à redouter d'être paralysée par le
manque de charbon. Quant aux socialistes qui rêve-
raient de rendre la guerre impossible en fomentant
la grève parmi les ouvriers mineurs, outre que
ceux-ci auraient tort de se croire, à un tel degré,
maîtres de la situation, il serait bien facile de
déjouer leur manœuvre, en assimilant une telle grève
à la désertion devant l'ennemi. Les Westphaliens
peuvent croire que le gouvernement allemand n'y
manquerait pas en cas de besoin; car, pour ce qui

est de nos mineurs français, nous ne leur ferons jamais l'injure de les croire capables de rendre nécessaire une telle extrémité.

# II

## LA CRISE HOUILLÈRE DE 1873

Si, comme nous croyons l'avoir démontré, les intérêts de la défense nationale sont moins fatalement liés qu'on ne s'est plu à le prétendre à la question du charbon de terre, cette question n'en garde pas moins, sur le terrain économique, toute son importance, et il n'est personne qui puisse être indifférent à la connaissance des causes qui en font varier les divers éléments. C'est cette étude que nous nous proposons d'entreprendre, afin de voir s'il ne s'en dégagerait pas quelques vues générales, propres à nous éclairer sur les perspectives qui peuvent être actuellement réservées à l'industrie charbonnière.

Il ne sera pas nécessaire, pour cela, de remonter très loin en arrière. En effet, la question de la houille n'est devenue vitale que depuis cette grande expansion de l'activité industrielle, qui a été la conséquence de l'établissement des chemins de fer. C'est dire que son intérêt ne commence à apparaître que dans la seconde moitié du dix-neuvième siècle.

D'ailleurs c'est à la même date que se sont produits, dans notre Europe, deux faits de la plus haute importance : nous voulons parler de la découverte des riches bassins houillers du Pas-de-Calais et de la Westphalie. C'est en 1852 seulement qu'un heureux coup de sonde, qui n'avait en vue que la création d'une source artésienne, destinée à accroître l'agrément d'un parc, a rencontré, sous une faible épaisseur de morts-terrains, ce prolongement du bassin houiller de Mons et d'Anzin, que jusqu'alors on avait inutilement cherché dans la direction du sud-ouest. A partir de ce moment, une série de grandes installations ont été peu à peu créées, dans le Pas-de-Calais, ajoutant, à la production houillère de notre pays, un contingent annuel qui devait, au bout de trente ans, s'élever à plus de *six millions de tonnes*, soit le *tiers* de la quantité de houille extraite chaque année en France. Quant à la Westphalie, c'est-à-dire au riche bassin de la Ruhr, le mieux doué de tous ceux qui existent au monde, aussi bien par le nombre, l'épaisseur et la régularité des couches que par la qualité du charbon et le bas prix de la main-d'œuvre, sa production qui, en 1850, n'était encore que de *un million et demi* de tonnes, devait atteindre *vingt-huit millions* en 1884. On comprend l'effet que de tels facteurs ont pu produire en apparaissant à leur tour et, d'après les dates qui viennent d'être rappelées, on ne s'étonnera pas que les crises n'aient commencé à être véritablement intenses que dans les vingt dernières années.

En fait, la première grande crise houillère est celle qui, dans notre pays, a plus particulièrement sévi pendant les années 1872 et 1873. Dès le début de 1872, le prix du charbon commençait à monter, dans les bassins du Nord, pour atteindre, en janvier 1873, une augmentation variable *entre cent et deux cents pour cent*. Les industriels prenaient peur ; les fabricants de sucre, craignant de manquer de charbon, concluaient des marchés à tout prix, et l'émotion devint assez vive pour qu'un groupe de députés du Nord à l'Assemblée nationale crût devoir déposer, dans la séance du 13 février 1873, une proposition d'enquête parlementaire. Cette proposition était motivée sur « la rareté et le prix sans cesse croissant de la houille, jetant la perturbation dans un grand nombre d'industries et imposant, en même temps, aux populations qui utilisent ce combustible pour leur consommation domestique, un renchérissement sensible des conditions de la vie ».

Le 20 mars 1873, sur le rapport favorable d'une commission d'initiative, l'Assemblée prenait la proposition en considération et chargeait un comité spécial du mandat limité, d'examiner si l'enquête sur la crise houillère était opportune, si elle présentait des inconvénients et quels en pouvaient être les résultats. Le comité fut d'avis de donner suite au projet et, le 12 juillet, l'Assemblée résolut de

confier le soin de l'enquête à une commission de
quinze membres, qui fut nommée quelques jours
après dans les bureaux, et tint sa première séance
le 21 juillet. Dès le 26, un questionnaire en vingt-
deux articles était adressé, avec prière de répondre
avant la fin de septembre, aux concessionnaires et
exploitants de mines, négociants en houilles, manu-
facturiers, industriels, entrepreneurs de transports,
chambres de commerce et consultatives, ingénieurs
des mines et des ponts et chaussées, ainsi qu'à tous
ceux que la question pouvait intéresser dans chaque
département.

Quand, après les vacances, l'Assemblée nationale
reprit ses travaux, la commission d'enquête dut procéder, à partir du 12 novembre 1873, au dépouillement des réponses au questionnaire. Le nombre
de ces réponses finit par atteindre 548, dont 329
provenant d'industriels consommateurs, 58 de producteurs de houille, 46 de négociants en charbons,
et le reste envoyé par des ingénieurs ou des groupes
collectifs. Ce n'était assurément pas beaucoup, si
l'on songe au nombre de ceux qui avaient reçu
l'appel du Parlement et qui étaient en mesure de
fournir des renseignements sérieux ; mais c'était
encore trop pour les secrétaires de la commission,
MM. Ducarre et Flotard, qui auraient pu difficilement dérober à leurs travaux législatifs le temps
nécessaire à l'examen d'un aussi volumineux dossier.
Le président, l'éminent M. Kolb-Bernard, s'adressa

donc au ministre des travaux publics, pour lui demander d'adjoindre à la commission un ingénicur qui serait chargé de la besogne du dépouillement. Le choix du ministre tomba sur celui qui écrit ces lignes, bien qu'il fût alors exclusivement occupé de travaux géologiques, qui ne semblaient en rien le désigner pour une telle mission. Heureusement pour lui, en allant à Versailles, afin de se mettre à la disposition du président, il eut la bonne fortune de faire route avec le ministre, M. Deseilligny, qui, en lui donnant ses instructions, y ajouta un conseil, destiné à exercer la plus heureuse influence sur le résultat définitif de l'enquête : c'était de feuilleter les publications spéciales qui font connaître, à des intervalles réguliers, le cours des charbons sur les différents marchés, et d'en mettre les variations en évidence à l'aide de ces procédés graphiques qui, de nos jours, sont justement en honneur, à cause de la netteté avec laquelle ils représentent toutes les vicissitudes d'un phénomène donné.

Le secrétaire adjoint de la commission mena donc de front, avec le dépouillement des réponses au questionnaire, celui des journaux charbonniers, tels que la *Houille*, le *Charbon*, le *Bulletin de la Société de l'industrie minérale*, etc. Et comme, à côté du prix des diverses variétés de houille, ces journaux avaient toujours soin d'indiquer celui du coke, on n'oublia pas, chemin faisant, de prendre note de ce dernier élément. Bien entendu, on ne se borna pas au seul marché français, et les circonstances caractéristiques des grands centres de production d'Angleterre, de Belgique, de la Sarre, etc., furent soigneusement enregistrées.

A quel point ce travail était opportun, c'est ce que la suite de l'enquête démontra surabondamment. Si nombreuses qu'eussent été les réponses au questionnaire, elles ne pouvaient fournir les éléments d'une solution complète, et cela, non seulement parce que chaque déposant n'envisageait la question qu'à un point de vue restreint et personnel, mais parce qu'on avait absolument omis d'introduire, dans le questionnaire, le nom même du coke. Cet oubli s'explique si l'on réfléchit à la composition de la commission d'enquête. A côté des auteurs de la première proposition, qui tous représentaient les intérêts des industriels consommateurs de houille, on y voyait figurer des économistes, des députés plutôt liés avec les producteurs de charbon, mais peu ou point de métallurgistes, soit que ces derniers fussent en trop petit nombre à l'Assemblée nationale, soit que, pleinement satisfaits de l'activité qui régnait alors dans leur industrie, ils n'eussent vu aucun motif de s'associer à l'enquête, réclamée au nom d'un groupe dont ils ne partageaient pas les doléances. Or c'était le coke, et le coke seul, qui devait déterminer le vrai caractère et fournir l'explication de la hausse. Mais avant d'indiquer comment, disons en deux mots quel fut le résultat des investigations dont le principe vient d'être exposé.

On reconnut d'abord que la hausse avait débuté en Angleterre, dès le mois d'octobre 1871 ; qu'elle n'avait commencé à se faire sentir en Belgique qu'en avril 1872, réagissant alors, à bref délai, sur nos bassins du Nord et du Pas-de-Calais, absolument solidaires de ce qui se passe dans le pays voisin ; mais que le bassin de Saint-Étienne et celui du Gard n'en avaient ressenti l'influence que vers le mois d'octobre 1872. De plus, tandis que le charbon de Newcastle avait subi, en octobre 1872, une augmentation de plus de *cent cinquante pour cent*, la plus grande hausse de la houille de Charleroi, survenue en janvier 1873, n'avait été que de *cent vingt pour cent*, alors que les charbons de la Sarre n'augmentaient pas de *cent pour cent* et que, dans le Gard et la Loire, la plus grande majoration, réalisée en janvier 1874, se tenait seulement entre *quarante et cinquante pour cent* de la valeur initiale.

En résumé, il était visible, du premier coup d'œil, que la crise était née en Angleterre, où elle avait atteint rapidement sa plus grande intensité ; que de là elle s'était propagée, mais à un degré moindre, en Belgique, pour n'atteindre la France (en dehors des régions intimement liées aux bassins belges) qu'au bout d'un an, et encore avec une atténuation sensible de son caractère aigu, si bien qu'on pouvait poser en principe que, dans les centres français de production, la crise avait varié en raison inverse de la distance aux bassins anglais et belges.

Du coup, cette constatation faisait évanouir l'hypothèse, trop complaisamment acceptée, au début, par l'administration française des travaux publics, aux yeux de qui la crise était tout simplement due à la reconstitution des stocks épuisés pendant la guerre franco-allemande. Il est évident que, si cette explication avait été admissible, c'est en France, d'abord, et non en Belgique ou en Angleterre, que la crise aurait éclaté; et il allait de soi que, la France se fût-elle avisée de demander à l'Angleterre seule tout ce dont elle avait besoin pour réparer ses pertes, un tel appoint, représentant beaucoup moins que le dixième de la production annuelle de la Grande-Bretagne, eût été absolument insuffisant pour justifier une hausse de *cent cinquante pour cent*. D'ailleurs, à aucun moment, pendant la guerre, l'accès des ports français n'avait été fermé aux navires venant d'Angleterre.

La même constatation répondait, d'une façon victorieuse, aux allégations favorites de ceux des membres de la commission qui représentaient les intérêts des consommateurs du Nord. Habitués de longue date à batailler avec les détenteurs de houille, ayant pu avoir parfois, nous l'admettons volontiers, de justes sujets de plainte contre les producteurs ou les marchands de charbons, ces honorables députés ne voulaient absolument voir que les souffrances mo-

mentanées de leurs commettants. A leurs yeux, sans
doute

On ne saurait manquer condamnant... un houilleur.

Ils ne cessaient d'accuser les mines du Nord et
du Pas-de-Calais d'avoir restreint leur production
dans le but de maintenir les hauts prix. En vain on
leur démontrait, chiffres en mains, que ces deux
bassins avaient fait de véritables prodiges; que,
malgré l'impossibilité bien connue d'improviser des
ouvriers mineurs, comme d'activer tout d'un coup
une extraction qui n'a pas été précédée par des travaux préparatoires, le Nord avait, en 1872, augmenté sa production de *dix-neuf pour cent*, et que,
dans la même période, le Pas-de-Calais avait su
réaliser un accroissement de *vingt-deux pour cent*.
En vain on leur demandait quel intérêt les mines
pouvaient avoir à restreindre systématiquement
une exploitation qui venait, tout d'un coup, leur
offrir des avantages aussi considérables, et dont
rien ne garantissait la longue durée. Toutes ces
raisons étaient données en pure perte. Le siège de
ces obstinés adversaires était fait et ils ne récla-
maient rien de moins que la mise en déchéance des
concessionnaires, coupables, disaient-ils, de n'avoir
pas *tenu leur exploitation à la hauteur des besoins
de la consommation.*

Heureusement ce parti-pris n'était partagé que

par une petite minorité dans le sein de la commission. Les autres membres ne demandaient qu'à s'éclairer pour juger la cause avec impartialité, et quand il leur fut donné de constater les faits matériels que nous avons rappelés plus haut, ils n'hésitèrent pas un instant à reconnaître que la crise n'était point un phénomène d'origine française et que personne, dans notre pays, n'en pouvait être rendu responsable.

Mais ce n'était pas assez d'avoir défini la date précise et ce qu'on pourrait appeler la nationalité de cette perturbation, qui était venue se jeter à la traverse du commerce européen des charbons. Il fallait encore en démêler la cause. Les divers marchés industriels sont à ce point solidaires les uns des autres, que la France ne saurait se désintéresser de ce qui se passe en Angleterre, ne fût-ce que pour mieux prévoir certains contre-coups inévitables et prendre, en temps utile, les mesures qui en peuvent conjurer ou atténuer les effets.

C'est dans cette recherche des origines de la crise que va se révéler l'importance de la considération du coke, que nous nous sommes jusqu'ici borné à faire pressentir. En effet, l'étude des documents déjà mentionnés établit que la *hausse du coke a précédé, en Angleterre, celle du charbon*, si bien que le coke atteignait son plus haut prix en juillet 1872, trois mois avant l'époque où devait se produire le plus fort renchérissement du charbon cru de Newcastle. En outre, tandis que ce dernier renchérissement n'a été, comme nous l'avons déjà dit, que d'environ *cent cinquante pour cent*, la majoration du prix du coke s'est élevée à *deux cent vingt pour cent* et même davantage; car la tonne de ce combustible, qui valait de 15 à 16 francs en 1871, se payait jusqu'à 51 francs dans le troisième trimestre de 1872 (pour retomber à 35 en janvier 1874). De la même façon, le coke belge de Charleroi a subi, au 1ᵉʳ janvier 1873 (c'est-à-dire six mois après la hausse anglaise), une plus-value de *cent quatre-vingts pour cent*, tandis que le coke de Saint-Étienne, en France, n'atteignait qu'au commencement de 1874 son plus haut prix, représentant seulement une majoration de *quatre-vingt-trois pour cent*. Nous retrouvons donc là le même retard de la France par rapport à la Belgique, et de celle-ci relativement à l'Angleterre, ce qui confirme l'origine anglaise de la crise. Mais nous voyons en même temps que la demande de coke en a été le principal facteur, ce qui permet immédiatement d'attribuer la hausse aux exigences de la métallurgie. En effet, il s'agit ici, non du coke de gaz, mais de celui qui est employé, dans les hauts-fourneaux, à la production de la fonte de fer. Le *haut prix du coke métallurgique* indique donc à coup sûr une forte demande venant des hauts-fourneaux, et cet accroissement réagit sur la houille crue, non seulement parce que c'est de la houille que dérive le coke (qui est au combustible minéral ce qu'est le charbon de bois au combustible végétal), mais parce que la transformation d'une tonne de fonte en fer ou en acier exige de 4 à 5 tonnes de charbon de terre pour le chauffage des fours.

Ce ne sont pas d'ailleurs de simples conjectures. Les Anglais, eux aussi, ont voulu avoir leur enquête parlementaire sur la situation de l'industrie houillère, et le rapport de leur commission, publié en 1873, a pu être utilisé pour l'enquête française. Ce rapport établit que, en 1871 et 1872, la prospérité a été grande dans toutes les branches de l'industrie anglaise, mais qu'une d'elles surtout a atteint, durant cette période, un développement inouï : c'est la fabrication du fer et de la fonte. En 1867, cette industrie n'avait consommé que 28 millions de tonnes de houille (crue ou transformée en coke). Pendant chacune des deux années 1871 et 1872, la consommation a dépassé 38 millions de tonnes, représentant le *tiers* de la production houillère du Royaume-Uni et plus de *trente-cinq pour cent* de sa consommation (l'exportation de houille en 1872 ayant été de 12 millions de tonnes). Par parenthèse, on voit par là à quel point les conditions de l'industrie anglaise diffèrent de celles de notre pays, où la métallurgie, dans ses périodes de plus grande prospérité, n'a jamais réclamé que le *cinquième* de la consommation totale de houille, se contentant plus généralement du *sixième*.

Ainsi c'est la prospérité de la métallurgie anglaise qu a produit la crise houillère. On comprend sans peine que quand le prix de la tonne de fonte passait, en une année, de 62 francs à 150 francs, il était tout naturel que le coke, dont la valeur entrait primitivement pour 18 francs dans le prix total du produit fabriqué, s'élevât de 15 francs en 1871 à 51 francs en 1872. Une pareille augmentation laissait encore, aux maîtres de forges, une marge de bénéfices très suffisante. D'ailleurs les besoins accusés par cette expansion de la métallurgie ne pouvaient manquer de réagir sur les usines à fer de Belgique, de France et d'Allemagne. Celles-ci ont donc suivi le mouvement, dont l'apogée a eu lieu entre le mois d'avril 1872 et le mois de juillet 1873. A ce moment, une brusque diminution de la production métallurgique s'est fait sentir partout, et aussitôt le prix du coke est tombé, entraînant avec lui le charbon, si bien que la prospérité métallurgique et, avec elle, la crise houillère, avaient virtuellement cessé au mois de janvier 1874, c'est-à-dire à l'époque même où la commission française d'enquête déposait son rapport.

Il reste à établir quelles causes avaient provoqué ce développement exceptionnel de l'industrie du fer. Ce ne pouvaient être évidemment les besoins locaux du Royaume-Uni, et pour qui sait quelle place considérable l'exportation tient dans le commerce britannique, il n'était pas douteux que l'origine d'une poussée aussi subite dût être cherchée à l'extérieur. C'est ce que les statistiques anglaises confirment de la manière la plus éclatante. Ainsi les exportations de fonte, qui en 1867 étaient de 567 000 tonnes (soit 12 pour 100 de la production), ont atteint 1 057 000 tonnes en 1871 et 1 333 000 tonnes en 1872. A ce moment la quantité exportée formait 20 pour 100 de la production. Mais c'est bien mieux encore si, au lieu de la fonte, on considère le fer laminé. L'exportation, qui était de 1 317 000 tonnes en 1867, a dépassé 2 millions de tonnes en 1871 comme en 1872, se tenant d'ailleurs aux environs de 38 pour 100 de la production. Proportion bien remarquable et qui suffit à faire pressentir combien la situation de l'industrie sidérurgique en Angleterre est périlleuse, puisqu'il faut qu'elle trouve à écouler au dehors plus du tiers de ce qu'elle produit.

Maintenant quelle était la destination de ces quantités exportées? Il n'est même pas besoin, pour le savoir, de recourir aux documents de source anglaise. Il suffit de consulter le *Bulletin* publié en France par le *Comité des maîtres de forges.* On y voit qu'en 1872 les États-Unis ont consommé plus de 4 300 000 tonnes de fer, dont 1 600 000 seulement, c'est-à-dire un peu plus du tiers, avaient été produites dans le pays même. L'industrie n'avait pas encore atteint, de l'autre côté de l'Atlantique, le développement qu'elle a pris depuis l'établissement du régime de protection à outrance. Il fallut donc demander l'excédent, c'est-à-dire 2 700 000 tonnes, à la production européenne. De là l'énorme contingent fourni par l'Angleterre, et auquel la Belgique n'a pas manqué d'ajouter sa part ; car elle aussi, et à un degré encore plus marqué que la Grande-Bretagne, vit surtout de l'exportation.

Voilà donc l'origine de la crise encore une fois déplacée ! Nous avions refusé de la chercher en France, et il semblait que le nœud de la question dût se trouver en Angleterre. Maintenant c'est l'Amérique qui est la coupable. Mais pour quelle cause ? Et quels besoins si subits ont bien pu la déterminer à faire, à la métallurgie européenne, un appel aussi considérable ? On devine sans peine que de nouvelles constructions de chemins de fer pouvaient seules exiger un tel empressement. En effet, le *Bulletin* que nous citions, quelques lignes plus haut, nous apprendra qu'en 1872, *deux millions et demi* de tonnes de fer et de fonte ont été consommés aux États-Unis par l'industrie des chemins de fer, le pays ayant voulu accomplir ce tour de force inouï, de construire dans une seule année *douze mille kilomètres* de chemins nouveaux.

Que ce chiffre fût excessif, c'est ce qui ne peut faire de doute pour aucun économiste sérieux. Mais allez donc arrêter, dans leurs convoitises, les entreprenants spéculateurs du pays des dollars ! A tout prix ils veulent arriver, et arriver vite. Impuissants à fournir eux-mêmes les matières premières nécessaires, malgré l'accroissement véritablement gigantesque de leur production métallurgique, ils sont venus à grands cris demander à l'Europe tout le fer et la fonte qu'elle pouvait fournir. Le prix de ces deux métaux s'est élevé, le coke et la houille en ont subi le contre-coup, et la solidarité des marchés européens a fait que la hausse, commencée en Angleterre, s'est étendue rapidement sur la Belgique, l'Allemagne et la France.

D'ailleurs, comme le terrain se trouvait bien préparé, à ce moment, pour ressentir l'influence de cette poussée ! Qu'on nous permette, à cet égard, de citer textuellement un passage du rapport de 1874, auquel M. Ducarre a bien voulu apporter l'appui de son autorité et de sa compétence en apposant, sans y vouloir rien changer, sa signature de rapporteur au bas des conclusions que nous avions rédigées pour lui, à la suite de toutes les constatations qui viennent d'être rappelées. « L'Allemagne, surexcitée par sa nouvelle prospérité financière, voyait toutes les entreprises se développer sur son sol avec une véritable fièvre. Les importations de fer et de fonte, en 1872, étaient quintuples de celles de 1869. En Belgique, les exportations sidérurgiques s'élevaient de 189 000 tonnes en 1869 à 230 000 tonnes en 1871 et 254 000 tonnes en 1872. En France, toutes les branches de l'industrie, arrêtées un moment par l'invasion, reprenaient un nouvel essor. En 1872, la production de la fonte en

France a regagné le chiffre maximum qu'elle avait atteint en 1869, et la fabrication de l'acier a été portée de 52 000 tonnes à 138 000. L'exportation a joué un rôle manifeste dans ce mouvement. En effet, tandis que la quantité de fer, fonte et acier exportée par la France était, en 1868, de 180 000 tonnes et en 1869 de 233 000, elle s'est élevée, en 1872, à 273 000 tonnes. Les demandes des États-Unis entrent pour une part notable dans ce résultat, comme on peut le constater par l'exemple suivant : Le bassin de la Loire qui, pendant les quatre premiers mois de 1870, avait fait avec les États-Unis pour 27 000 francs d'affaires, a atteint le chiffre de 899 000 francs pendant la même période de 1872, pour s'élever à 1 443 000 dans les quatre premiers mois de 1873.

« Il demeure ainsi bien constaté que la hausse du charbon, provoquée par les demandes exceptionnelles de la métallurgie, surtout en vue du commerce d'exportation vers les États-Unis, a été entretenue par les besoins, plus grands que jamais à ce moment, des diverses industries, tant en Angleterre que sur le continent. Maintenant il est évident que cette hausse a été exagérée par deux phénomènes inséparables de tout mouvement industriel : la panique des consommateurs, d'une part, la spéculation des détenteurs, d'autre part. Ainsi les fabricants de sucre, pour qui tout arrêt de la fabrication pouvait entraîner des pertes irréparables, ont voulu s'assurer à tout prix de leur approvisionnement pour 1873. Ils ont ainsi dépassé la mesure, non seulement à l'égard des prix, mais encore relativement aux quantités demandées. Plusieurs d'entre eux, ayant calculé leur approvisionnement en vue d'une livraison de betteraves plus considérable que celle qui s'est effectivement réalisée pendant la campagne de 1873-74, après avoir craint de manquer de charbon, ont fini par en avoir trop, et on cite quelques fabricants de sucre du Nord qui étaient obligés, au commencement de cette année, de conserver dans leurs magasins un excédent de houille égal à environ un neuvième de leur consommation annuelle.

« D'autre part, les compagnies houillères, engagées pour les deux tiers de leur production par des marchés conclus avant la crise, ont dû chercher à se dédommager en exagérant les prix des nouveaux marchés. Enfin, les négociants en charbons ont certainement profité, dans une large mesure, des avantages que leur donnait la possession d'une matière devenue tout d'un coup plus précieuse. »

Nous nous sommes longuement appesanti sur la crise de 1873, d'abord parce que l'histoire en est connue jusque dans les moindres détails, ensuite parce qu'on y trouve de précieux enseignements, à la fois de l'ordre moral et de l'ordre économique, qui peuvent être appliqués avec grand avantage à l'étude de toutes les crises ultérieures.

N'est-ce pas, tout d'abord, un fait bien instructif que cette émotion qui, dès les premiers jours, s'empare des industriels français de la région du Nord, leur fait voir la raréfaction et même la disette du charbon là où il n'y avait en réalité qu'une hausse dans le prix d'une marchandise toujours produite en quantité suffisante, et devient assez vive pour que les *représentants du pays* poussent un cri d'alarme, sollicitant l'intervention de l'État, comme si ce dernier avait un droit d'ingérence dans les questions d'offre et de demande? Et puis, quelle singulière leçon que cette enquête, où, sur des milliers de personnes conviées à déposer, cinq cent cinquante seulement prennent la peine de répondre, presque toutes attribuant la crise à des causes purement locales, dont l'énoncé révèle trop souvent l'influence des préjugés et des rancunes! Sur les cinq cent cinquante réponses, d'ailleurs, il ne s'en trouve que cinquante-cinq, c'est-à-dire *un dixième*, où la crise soit attribuée à l'action exercée par les marchés étrangers. Et pourtant déjà, dans son premier rapport du 3 juillet 1873, précédant la constitution de la commission d'enquête, M. Ducarre n'avait pas hésité à signaler cette réaction de l'extérieur, en la déclarant inévitable en raison des conditions de la consommation française. En tout cas, pas un seul déposant n'a été assez bien inspiré ou assez exactement informé pour venir dire tout simplement : le prix du charbon a monté en France parce qu'une

hausse encore plus considérable venait de se produire en Angleterre; et si l'on veut connaître les
vraies causes de cette hausse, c'est de l'autre côté du
détroit qu'il faut porter ses investigations. Il est vrai
que c'eût été la réponse d'un témoin impartial; et
qui donc ici-bas, quand les intérêts matériels sont
engagés, connaît et pratique l'impartialité? Combien
il est plus commode d'accuser, ici la mauvaise vo-
lonté des producteurs, ailleurs la cupidité des intermédiaires, surtout quand il s'agit d'une industrie
réglementée, dont la propriété porte le nom trompeur
de concession, qui semble convier l'État à s'attribuer
des droits exceptionnels!

A la vérité, l'émotion des consommateurs trouvait une excuse admissible. « Ventre affamé n'a
point d'oreilles », dit le proverbe. Il en est de même
de l'industriel qui se croit à la veille de manquer de
charbon, surtout du fabricant de sucre qui craint de
perdre sa campagne. Aussi peut-on pardonner à ces
terreurs l'injustice momentanée qu'elles font com-
mettre. Seulement il est permis de désirer que le
danger couru par les consommateurs leur devienne
profitable, en leur enseignant pour l'avenir un peu
de prévoyance. Car cette vertu devrait être, pour
les industriels français, d'une pratique relativement
facile, puisque la Providence a voulu que les conditions de notre marché houiller fussent toujours
influencées par celles des centres de production
voisins qui, par la force des choses, éprouveront

toujours avant nous et plus que nous les effets d'un trouble économique sérieux.

Il n'était pas besoin d'être grand clerc pour le comprendre, et nous dirions volontiers que c'était affaire de simple bon sens d'indiquer ce qui devait fatalement arriver. En 1872, l'Angleterre produisait 123 millions de tonnes de houille, tandis que la France n'en fournissait que 16 (c'est-à-dire juste autant que la Belgique). Or, au même moment notre industrie réclamait pour sa consommation plus de 23 millions de tonnes, dont 7, par conséquent, devaient être demandées à l'étranger. Ainsi notre marché de houille, écrasé, en raison de son exiguïté relative, entre l'énorme marché anglais et ceux de la Belgique, de la Sarre et de la Westphalie réunies, devait d'autant mieux en subir la loi qu'il était leur tributaire pour une forte proportion. Dès lors, un industriel prévoyant avait le devoir de suivre attentivement la marche des cours au dehors, et surtout en Angleterre. Qu'on imagine, entre 1871 et 1872, un Français assez avisé pour ne pas négliger cette information! Il enregistre, aussitôt qu'ils se produisent, les premiers symptômes de hausse, et quand il voit le mouvement se dessiner de plus en plus, avec une allure régulière, l'idée lui vient de se renseigner, non seulement sur les conditions actuelles de l'industrie anglaise, mais surtout sur la marche des exportations, où se révèlent aussitôt les demandes considérables des États-Unis. Certain maintenant d'être en face d'une marée sérieuse, dont il est impossible que l'onde n'arrive pas jusqu'à lui, il prend ses précautions en conséquence et assure, par des marchés, sa consommation future; ou bien, s'il appartient à la catégorie des producteurs, il s'abstient de transactions à long terme, et s'attache à développer les travaux préparatoires qui, le moment de la grande hausse une fois venu, lui permettront d'activer son extraction. Cela ne vaut-il pas mieux que de vivre à l'aventure, pour se tourner vers l'État, en poussant des cris de détresse, au moment où se produisent les troubles qu'on aurait dû prévoir? Si l'on disait que des informations de ce genre sont difficiles à réunir pour un simple particulier, nous répondrions que la lecture d'un petit nombre de feuilles spéciales bien choisies y suffit amplement. D'ailleurs c'est précisément l'affaire des collectivités, comme les syndicats et les chambres de commerce, de recueillir de tels renseignements et d'en faire profiter leurs adhérents.

Nous devons reconnaître que, parmi les faits économiques qui doivent ainsi solliciter l'attention d'un observateur sagace, il en est qui, par leur soudaineté, pourraient apporter un certain trouble dans les appréciations, et dont, par suite, on serait excusable de n'avoir pas prévu l'apparition. De ce nombre sont ce que nous nous permettrons d'appeler les fantaisies industrielles de la grande république américaine, en particulier celle que nous avons rappelée plus haut, c'est-à-dire cette éclosion subite de 12 000 kilomètres de voies ferrées, qui a été la cause principale de la crise de 1872, ou tout au moins de l'exagération qui l'a caractérisée. Mais il est à remarquer que c'est en Angleterre surtout que de telles bourrasques doivent dérouter les calculs des industriels. La France n'en reçoit le choc qu'en seconde ou troisième ligne, et la surprise y est beaucoup moins à craindre.

Quoi qu'il en soit, il est une chose que met bien en lumière l'histoire de la grande perturbation dont nous avons essayé de retracer les phases; c'est que, de nos jours, une seule industrie, celle du fer, est en mesure de provoquer, dans le commerce des charbons, des crises qui soient à la fois générales et aiguës, et cela en raison de la part prépondérante que prend la métallurgie à la consommation du charbon de terre. Si donc on veut s'orienter avec quelque sûreté dans cet exercice de prévisions que nous nous sommes permis de recommander à ceux que la question intéresse, c'est principalement sur la fabrication de la fonte, du fer et de l'acier qu'il faut avoir les yeux ouverts. L'enseignement est bon à retenir et nous aurons, par la suite, à en faire application.

# III

## LA CRISE INDUSTRIELLE DE 1873 A 1879

Au cours de l'enquête parlementaire de 1873, alors qu'à chaque séance de la Commission, il fallait réfuter, à l'aide de documents précis et de chiffres indiscutables, les allégations sans cesse renouvelées par les représentants des consommateurs à la charge des producteurs de houille, il nous était arrivé plus d'une fois de dire aux commissaires les plus difficiles à convaincre : En ce moment vous faites une enquête sur les causes de la hausse des charbons et sur les moyens d'y remédier. Êtes-vous sûrs que, dans quelque temps, vous n'en aurez pas une autre à faire, dans l'intérêt des producteurs, sur la dépréciation de cette marchandise, qui vous semble aujourd'hui si rare et si chère?

Le rapport de la Commission était à peine déposé que cette prévision devenait une réalité. Déjà, depuis le mois d'avril 1873, les prix du coke et du charbon baissaient d'une manière continue, en Angleterre comme en Belgique, et, si la hausse continuait en France au début du mois de janvier 1874, c'est parce que la marée, dont nous avons défini l'origine, avait mis quelque temps à se propager jusque chez nous. Mais la bourrasque provoquée, avec une rapidité si foudroyante, par les exigences industrielles des Américains, avait cessé de se faire sentir dans le Royaume-Uni ; la métallurgie anglaise voyait ses commandes baisser dans une proportion alarmante, et une nouvelle ère allait s'ouvrir, où l'industrie charbonnière, perdant peu à peu le fruit des merveilleux bénéfices réalisés pendant la crise, était destinée à marcher de déception en déception.

C'est vraiment un des chapitres les plus instructifs de l'histoire économique contemporaine, que le spectacle de la réaction douloureuse qui a succédé, dans l'Union américaine, à la fièvre des années 1871 et 1872. Cette fièvre avait eu diverses causes : d'abord, la guerre franco-allemande ayant amené un assez sensible ralentissement dans le commerce d'exportation de l'Europe vers l'Amérique, la reprise, après la signature de la paix, n'en fut que plus vive. En outre, de vastes territoires étaient chaque année mis en culture dans l'ouest des États-Unis ; l'élevage des bestiaux et l'exploitation des mines y faisaient des progrès notables, et chacun reconnaissait la nécessité de relier ces pays, par de nouvelles voies ferrées, aux points de consommation comme aux ports où les produits pourraient s'embarquer.

Si, pour donner satisfaction à ces besoins indiscutables, on avait su procéder avec sagesse et mesure, c'eût été tout bénéfice pour la grande république. Malheureusement on sait trop comment se traitent les affaires dans ce pays, avec quelle facilité s'y développent les spéculations les plus effrénées, et combien, en raison de l'immoralité des politiciens, l'action gouvernementale y est peu propre à enrayer de pareils excès. De toutes parts donc, en faisant sonner bien haut les *besoins des populations*, on appela les capitaux à la construction des chemins de fer. De puissantes maisons de banque se chargèrent de l'émission et du placement des titres. L'industrie sidérurgique, dont le concours était indispensable, eut sa belle part de l'engouement général. On se mit à construire partout des hauts-fourneaux *et des laminoirs, et cela avec d'autant plus de con*fiance, que le territoire de l'Union était aussi riche en minerais de fer qu'en charbon de terre. Il y a mieux, des droits protecteurs énormes, établis à la suite de la guerre de sécession, garantissaient cette industrie naissante contre toute concurrence étrangère. Des taxes *ad valorem*, variables entre *trente et cent quarante pour cent*, frappaient les fers et les aciers à leur entrée dans les ports des États-Unis. L'arbitraire des agents des douanes ajoutait encore à ce que ces droits avaient de draconien et, pour que, dans ces conditions, les produits sidérurgiques d'Europe pussent aborder le marché américain, il fallait vraiment une nécessité absolue, créée par l'impuissance des usines nationales à contenter des exigences immédiates et impérieuses. Les capitaux, en se portant sur les industries de production, étaient assurés de remédier à cet état de choses; et voilà comment, en deux années, de 1871 à 1873, les États-Unis parvenaient à doubler leur production de fonte, en même temps qu'ils imprimaient à la fabrication de l'acier, ce métal de l'ère moderne, un essor exceptionnel.

Pourtant ce tour de force n'avait pas suffi tout d'abord, et nous avons vu comment, pour assurer la construction des 12 000 kilomètres de voies ferrées de l'année 1872, il avait fallu demander à l'Europe ces masses de fer, dont la production devait engendrer la crise houillère. Mais à peine les nouvelles lignes étaient-elles construites qu'on commençait à s'apercevoir que la mesure avait été déplorablement dépassée. Nulle part les bénéfices réalisés ne répondaient aux promesses par lesquelles on avait attiré les capitaux. De graves symptômes de défiance se manifestaient, si bien qu'en 1873 on n'osait plus lancer que 6000 kilomètres nouveaux. C'était encore beaucoup trop, et on le vit bien, au mois de septembre, quand, après divers sinistres partiels, éclata la faillite de la maison Jay Cooke, la plus puissante parmi les banques qui s'étaient chargées de former le capital des sociétés de chemins de fer. Ce n'était qu'une banque privée, et pourtant son écroulement prit les proportions d'un désastre général. Comme le remarquait M. Leroy-Beaulieu, dans un article de l'*Economiste français* du 29 septembre 1877, on dut s'avouer alors que tout était faux dans l'organisation des travaux publics aux États-Unis; que toutes les mines, tous les hauts-fourneaux, toutes les forges, ne pouvaient subsister qu'à la condition d'une production annuelle de 10 000 kilomètres de chemins de fer, ce qui équivalait alors à un véritable défi jeté au bon sens. La panique devint générale; les valeurs de chemins de fer furent discréditées, personne ne voulant plus y aventurer son argent. La construction annuelle tomba à 3000 kilomètres en 1874 et, en 1875, elle ne devait pas en dépasser 2500.

Mais ce ralentissement n'est rien à côté des catastrophes financières qui lui ont fait cortège. Voici des chiffres qui permettront d'en juger. En 1875, au mois d'août, le portefeuille des banques américaines avait baissé de 500 millions, et le chiffre des dépôts de pareille somme. Dans les deux seules années 1873 et 1874, on enregistra plus de *dix mille faillites*, entraînant une perte de *six milliards huit cents millions*. Les trois premiers trimestres de 1875 portaient le nombre des faillites à *seize mille*. Au même moment, on observait ce phénomène remarquable, que non seulement l'arrivée des émigrants en Amérique avait cessé, mais bon nombre d'anciens immigrants désabusés reprenaient le chemin de la mère patrie. Au mois de janvier 1876, on pouvait établir que le chiffre des capitaux engloutis dans les sociétés de chemins de fer en déconfiture n'était pas inférieur à *trois milliards*[1], et cette somme, à la fin de l'année, s'accroissait d'un nouveau milliard. Bel exemple à méditer pour les partisans de la doctrine du laissez-faire, et pour ces économistes ou ces politiciens qui ont toujours les yeux fixés sur l'autre côté de l'Atlantique, comme si c'était là seulement que l'activité humaine reçût son véritable emploi!

Que devenait, pendant ce temps, l'industrie du fer aux États-Unis? Le même aveuglement l'entraînait dans la voie de la production à outrance et, en 1877, on y comptait 714 hauts-fourneaux, pouvant offrir une capacité de production de plus de 5 millions de tonnes. Et, à ce moment, la consommation du pays en exigeait à peine 2 millions! Aussi, depuis 1874, plus du tiers de ces hauts-fourneaux étaient-ils inactifs, quoique, à partir de 1876, une légère reprise se fût dessinée dans la construction des voies ferrées, accrue dans cette année de 3700 kilomètres.

En 1877, les valeurs de chemins de fer baissaient, dans le premier semestre, de 20 à 50 pour 100. Une grève formidable, bientôt réprimée, il est vrai, mais non sans de graves désordres, éclatait en mars parmi les employés des compagnies, signe du mécontin-

---

[1] Voy. l'*Economiste français* du 19 février 1876.

tement que ne pouvait manquer d'engendrer la diminution des salaires, conséquence forcée de la réduction des profits.

Arrivons maintenant au charbon de terre; car la revue à laquelle nous venons de nous livrer n'avait d'autre but que de préciser les influences qui devaient peser sur la production du combustible minéral. Cette production qui, en 1865, n'était encore, aux États-Unis, que de 24 millions de tonnes, et qui avait plus que doublé en huit ans, atteignant 51 millions en 1873, cette production, disons-nous, va s'abaisser à 49 millions en 1874, à 48 en 1875 et, en 1876, nous la retrouverons un peu en hausse, mais pourtant inférieure encore au chiffre de 1873, qui ne sera reconquis qu'au début de 1877. Ainsi, malgré le continuel accroissement de la population de l'Union, malgré le développement rapide des territoires et des États de l'Ouest, l'extraction du charbon de terre n'a fait en quatre ans aucun progrès! Il est impossible d'imaginer une preuve plus saisissante de l'intensité de la crise, comme aussi une manifestation plus décisive de l'action prépondérante qu'exerce, sur la production charbonnière, l'état des industries sidérurgiques.

Cependant les causes d'accroissement de la consommation qui viennent d'être indiquées ne pouvaient, à la longue, manquer de triompher, au moins en partie, des influences contraires. Ce résultat commence à devenir manifeste en 1878, et, l'année suivante, la production de houille, en hausse continue, atteint 62 millions de tonnes. L'impulsion est donnée. On a touché le fond de l'abîme; la puissante vitalité des Américains va s'employer à remonter la pente, et nous allons voir revenir une ère de prospérité. Mais, avant d'y arriver, il est nécessaire que nous examinions ce qui s'est passé en Europe, pendant que l'Amérique était si fortement atteinte.

Nous avons déjà vu comment, en 1872 et 1873, l'industrie de la vieille Europe avait traversé, par le fait même des États-Unis, une phase d'activité extraordinaire. Il est donc naturel qu'elle ait été impuissante à maintenir une situation dont elle ne trouvait pas les éléments en elle-même et, le marché américain une fois fermé, c'était notre tour de subir l'inévitable réaction.

Naturellement, de même que l'Angleterre avait été la première à bénéficier des folies de son ancienne colonie, elle devait être aussi la première à en pâtir. Ainsi, tandis que les exportations sidérurgiques de l'Angleterre, à destination des États-Unis, avaient été de 750 000 tonnes en 1871, elles n'étaient plus en 1874 que de 130 000 tonnes. C'était bien pis encore en 1875, où l'on constatait que, pendant le premier trimestre, la douane de New-York *n'avait pas reçu de l'étranger un seul rail de fer ou d'acier*, l'importation de fonte, dans le même intervalle, se réduisant au chiffre dérisoire de 4000 tonnes. Aussi pouvait-on dire, en 1876, que le commerce des fontes en Amérique était fermé à l'Europe et que, de plus, à moins de circonstances exceptionnelles, *ce marché ne se rouvrirait jamais;* car une reprise des affaires aux États-Unis n'aurait probablement pour résultat que de rendre un peu de prospérité à une industrie nationale aujourd'hui surabondante, mais créée, en somme, depuis l'origine de la crise et toute prête, à l'abri du système protectionniste toujours maintenu, à défier la concurrence étrangère.

Dans ces conditions, un triste sort attendait la métallurgie anglaise, obligée, nous l'avons vu, d'écouler au dehors plus du tiers de ses produits. Elle n'eût pu être sauvée que par une large exportation en Europe. Or, au même moment, la France suffisait à ses propres besoins; la Belgique et surtout l'Allemagne subissaient elles-mêmes une crise intense, par suite d'une production sidérurgique excessive. Enfin la Russie, comprenant le péril qu'il y avait pour elle, dans la position géographique qu'elle occupe, à dépendre de l'étranger, s'imposait de grands sacrifices, afin de créer sur son sol une industrie métallurgique et minière, dont tous les éléments étaient d'ailleurs à sa disposition. Aussi, pour les Anglais, adieu les beaux bénéfices de 1872! Le temps des vaches maigres est arrivé. Jusqu'en 1879, on n'entendra plus parler que de hauts-fourneaux éteints, de laminoirs arrêtés et, partant, de charbonnages en détresse.

La crise anglaise se dessine dès le mois de janvier 1874. Les métallurgistes, ainsi que les producteurs de charbon, commencent à congédier des ouvriers et à réduire les salaires, qui avaient considérablement monté pendant la période de prospérité. Cela provoque bientôt des grèves en Angleterre, dans le pays de Galles et en Écosse. Au mois de juin, rien que dans le Derbyshire, on compte 24 000 ouvriers qui refusent le travail, et c'est seulement en juillet que se termine la grève du Staffordshire. Pendant ce temps, il faut que le pays supporte, par surcroît, une crise agricole intense. En décembre, les journaux spéciaux reconnaissent que la situation de la métallurgie est aussi mauvaise que possible et que rien n'a pu suppléer pour elle au défaut des commandes d'Amérique. On ne s'étonnera donc pas si l'année 1875 débute par une grève de 80 000 mineurs dans le pays de Galles. Devant ce mouvement, les propriétaires des houillères du bassin de Cardiff se réunissent et décident de répondre aux prétentions inadmissibles des ouvriers par un licenciement général (*lock out*), qui met sur le pavé, jusqu'en mars, *plus de cent mille hommes*, bientôt obligés de capituler. Pourtant le mal est tel, que cet arrêt de production ne parvient pas à enrayer la baisse des charbons. Le sort des usines à fer devient plus douloureux que jamais. Durant tout le premier trimestre de 1875, les tableaux de l'exportation anglaise attestent qu'il a été envoyé, en Amérique, huit fois moins de rails que pendant la période correspondante de 1873. Bien mieux, la métallurgie américaine commence à battre les produits anglais sur le domaine même de la couronne britannique, c'est-à-dire au Canada, où le chemin de fer dit *Grand Trunk Railway* commande 7000 tonnes de rails à une usine de l'État de New-York. Au même moment, on apprend que les États-Unis ont réussi à fournir un certain nombre de locomotives aux chemins de fer russes, jusqu'alors presque exclusivement réservés à la clientèle anglaise.

Ce qui aggrave encore le malaise de l'industrie sidérurgique dans la Grande-Bretagne, c'est que l'acier est partout en voie de se substituer au fer. Il faudra donc que les usines transforment leur outillage, pour pouvoir lutter contre les établissements nouvellement créés en Allemagne et en Amérique, et qui ont été organisés, dès le début, en vue de la nouvelle fabrication. Ce changement de front sous le feu de l'ennemi, comme on peut vraiment l'appeler, ne saurait manquer d'entraîner des sacrifices douloureux. En attendant, la plupart des forges travaillent à perte, et le charbon continue à baisser.

Plus triste encore est le bilan de l'année 1876, quoiqu'elle soit marquée par un incident qu'on pourrait appeler comique, si le mot ne jurait pas avec la détresse générale de l'industrie; nous voulons parler de la vertueuse indignation qu'exhalent, au

mois de juin, les métallurgistes anglais, en apprenant
que le gouvernement a accepté une fourniture de
fer proposée par des usines belges. Vive le libre-
échange!... pour les autres; et à condition que les
autres ne viendront jamais chez nous que pour
acheter!

Au mois de septembre 1876, les faillites se multiplient en Angleterre et l'on calcule que, sur 200
hauts-fourneaux connus dans le Staffordshire et le
Cumberland, 123 sont en chômage. Le début de 1877
n'améliore pas la situation; au contraire, les exportations vers l'Amérique et la Russie continuent à
diminuer. En février, le *Times* publie un important
article intitulé : « Quatre années d'exploitation
houillère », où il fait les aveux suivants, dont la
forme humoristique n'exclut pas l'amertume : « Pendant la période de prospérité de 1871 et 1872, on a
cru que les gîtes de charbon constituaient une
source de richesses plus féconde que les trésors de
Golconde. Une sorte de frénésie s'est emparée de
gens que la douce simplicité d'un revenu de 3 pour 100
avait jusqu'alors paru satisfaire, et, quoique ce délire
n'ait pas longtemps persisté, il a néanmoins assez
duré pour prouver, par de nombreux exemples, qu'il
n'est pas toujours facile de recouvrer l'argent qu'on
jette dans une fosse. » En mars, c'est *Pall Mall
Gazette* qui dénonce, à son tour, l'erreur commise
par tous ceux qui, possédant des capitaux disponibles, les ont, à qui mieux mieux, immobilisés

dans les entreprises charbonnières et métallurgiques, facilitant ainsi les folies industrielles des Américains, cause première de la crise.

Enfin le mal atteint son apogée en 1878. Jetant un coup d'œil sur l'ensemble de cette année, l'*Economiste français*, du 11 février 1879, constate qu'elle a été désastreuse pour le Royaume-Uni : « Usines fermées, hauts-fourneaux éteints, mines désertées et, pour couronner le tout, faillites colossales. » Aussi, comme il arrive toujours dans les moments difficiles, la lutte devient de plus en plus vive entre le capital et le travail, et le mécontentement des ouvriers se traduit, en avril, dans le bassin de Durham, par une grève de 30 000 mineurs, qui menace un instant de paralyser la production métallurgique du district de Cleveland.

Cette situation lamentable pourrait se prolonger longtemps encore, si, pour en sortir, la Grande-Bretagne ne devait compter que sur sa propre consommation. Heureusement pour elle, des faits extérieurs vont survenir, qui enrayeront le mouvement de baisse et y feront succéder bientôt une reprise importante. Il n'en est pas moins vrai que six années de souffrances auront été la dure expiation de deux ou trois ans de prospérité, semant, d'ailleurs, entre les patrons et les ouvriers, des germes d'irritation qui ne trouveront, plus tard, que trop d'occasions de se développer.

**Toutefois, en ce qui concerne l'industrie charbon-**

nière, c'est un fait très digne de remarque que la crise n'ait pas entraîné une diminution de la production; car de 127 millions de tonnes qu'était celle-ci en 1873, on la voit arriver, assez progressivement, à 134 millions en 1879. Au premier abord, ce résultat paraît incompatible avec la détresse signalée; mais sa signification change si l'on tient compte de la valeur vénale du produit. En effet, d'après les tableaux graphiques, si instructifs, que M. Dujardin-Beaumetz a publiés [1], on voit que la valeur totale annuelle des houilles anglaises extraites, qui atteignait 1200 millions de francs en 1873, n'était, avec une production cependant plus forte, que de 1180 millions en 1879, ce qui suppose une baisse de prix d'environ 13 pour 100. Il est donc clair que les houillères britanniques ont produit plus qu'il n'était nécessaire, c'est-à-dire qu'elles ont cherché à élargir leur clientèle, pour compenser l'avilissement des prix; mais il est clair aussi qu'elles eussent échoué dans cette tentative si, en dehors de la métallurgie, elles n'avaient pas trouvé d'autres débouchés. Ce qui leur est venu en aide, c'est l'entrée, dans la clientèle européenne, de pays nouvellement nés à la vie industrielle, comme la République Argentine et d'autres contrées de l'Amérique du Sud; c'est aussi le nombre toujours croissant des industries qui s'alimentent avec la houille; c'est le

---

[1] Paris, Bernard et Cie, 1888 et 1889.

progrès considérable de la navigation à vapeur et celui de la consommation domestique du charbon de terre; c'est l'emploi, de mieux en mieux marqué, des machines dans l'agriculture; c'est l'expansion continue de l'éclairage au gaz, etc. Et comme la plupart de ces besoins ont été particulièrement ressentis en France, parmi les départements du littoral atlantique, dans les années de reconstitution qui ont succédé aux désastres de la guerre, l'exportation de la houille anglaise dans notre pays a suivi, depuis 1873 jusqu'en 1879, une marche ascendante, si bien que le chiffre de 1879 surpasse de 700 000 tonnes celui de 1874. Ce qui prouve bien que ce supplément d'exportation a été surtout déterminé par l'appât d'un moindre prix à payer, c'est que, dans la même période où la quantité des houilles anglaises envoyées en France s'accroissait, en poids, de 700 000 tonnes, elle n'en diminuait pas moins, en valeur, de 22 millions de francs. C'est un signe que la concurrence à outrance tend à devenir la règle du marché des charbons.

Mais poursuivons notre revue du champ de bataille industriel et, après avoir compté les morts en Amérique et en Angleterre, voyons si l'Europe continentale a été mieux traitée.

C'est par la Belgique que nous commencerons. Au mois de janvier 1874, nous y trouverons déjà les charbonnages en pleine panique. La métallurgie souffre cruellement, non seulement par la diminution des exportations, mais par la guerre que commence à lui faire l'acier d'Allemagne, et par la résolution que le nouvel empire a prise de ne plus admettre aux soumissions les concurrents étrangers. Les trois quarts des ouvriers sont en grève et, pendant que les producteurs de charbon gémissent, on entend les maîtres de forges, encore plus atteints, accuser les premiers de guetter « avec une avidité malsaine » la détresse de l'industrie sidérurgique. La production de la houille tombe de 16 millions de tonnes, chiffre de 1873, à 14 millions en 1877, et, à ce moment, le bénéfice total des houillères, évalué à 65 millions de francs en 1873, s'abaisse à peu près à *zéro*. Le gouvernement s'émeut et décide de faire aux usines nationales des commandes de locomotives et de travaux en fer. C'est le même moment où les maîtres de forges de Belgique accomplissent, à force de rabais, cet exploit d'introduire quelques-uns de leurs produits jusque sur le territoire anglais. Les producteurs belges font mieux encore : ils se concertent pour former des syndicats, ayant pour mission de trouver des débouchés lointains à l'exportation. Ces syndicats obtiennent un premier succès par une commande d'une certaine importance, à destination du Venezuela. Les relations s'étendent bientôt à diverses contrées de l'Amérique du Sud, où des colonies d'ingénieurs belges finiront par trouver, avec des occupations lucratives, l'occasion de favoriser les usines de la mère patrie. Excel-

lent exemple de ce que peut faire un peuple habitué
à la libre initiative et où l'on ne craint pas d'aller
chercher fortune au loin, au lieu de gémir à l'intérieur sur des misères inévitables ! Malgré ces efforts,
le *Moniteur des intérêts matériels*, de Belgique,
est obligé de constater, en mai 1877, que le capital
métallurgique belge a subi, depuis deux ans, une
perte de *quarante pour cent*, tandis que la dépréciation des valeurs de charbonnages est d'au moins
*vingt pour cent.*

Alors commence, entre les houillères, une désastreuse campagne de surproduction et de concurrence à outrance. Une partie des beaux bénéfices
de 1873 avait été employée à creuser des puits
bien outillés, à créer de nouvelles et puissantes installations. C'est vers 1877 que ces instruments de-
viennent capables d'entrer en plein rapport. L'extraction monte à 15 millions de tonnes en 1878, à
15 et demi en 1879, et elle ne s'arrêtera pas là.
Néanmoins, les charbonnages continuent à souffrir
de l'abaissement des prix, et, pendant ces deux
années, le bénéfice total des houillères belges ne
dépasse pas 1 million. Triste effet d'une lutte qui ne
profite qu'aux consommateurs !

Le tableau de la situation en Allemagne, durant
la même période, sera encore plus fâcheux à certains égards. Par un juste retour des choses d'ici-
bas, nos vainqueurs étaient destinés à trouver,
dans l'excès même de leur triomphe, la source de

souffrances industrielles d'une extrême intensité.

Lorsque les milliards de l'indemnité de guerre commencèrent à affluer chez les Allemands, un véritable vertige s'empara de tous les esprits. Les capitaux se portèrent avec frénésie vers toutes les branches de la production, principalement vers la métallurgie et les charbonnages. Des usines à fer et surtout à acier s'élevèrent de tous côtés, munies d'un outillage puissant et perfectionné. En Westphalie, comme en Silésie, de nouveaux gisements houillers furent mis en valeur, et la production de charbon de terre de l'empire, qui était de 29 millions de tonnes en 1871, atteignit 33 millions en 1872 et 36 en 1873. Pendant trois ans, la situation de la métallurgie allemande fut si prospère, qu'il lui fut possible de distribuer des dividendes de 30 à 35 pour 100 ; et pourtant aucun droit protecteur sérieux ne la favorisait. Seule, l'importance des capitaux, engagés avec une imperturbable confiance, suffisait à maintenir cet essor, justifié d'ailleurs, semblait-il, par les nombreux travaux de chemins de fer, stratégiques ou autres, dont l'Allemagne se couvrait à ce moment.

Sous l'impression de ces magnifiques bénéfices, la spéculation ne connut plus de bornes. Mais, tout d'un coup, on s'aperçut que cette prospérité était factice ; que l'or français quittait l'Allemagne aussi vite qu'il y était entré, et que l'industrie du fer, encore plus celle de l'acier, avaient été montées sur un pied impossible à maintenir, surtout en face de la concurrence étrangère. De plus, les progrès du socialisme devenaient inquiétants et faisaient peser, sur les conditions économiques de la production, une menace d'une extrême gravité. Ces causes réunies amenèrent, en 1874, une dépression telle, que le prix de la fonte baissa de plus de moitié. Les usines firent des pertes énormes, et la production houillère, qui croissait avec tant de rapidité, devint stationnaire ou à peu près. Nous la trouvons de 36 millions de tonnes en 1874, comme en 1873 ; de 37 en 1875 ; de 38 en 1876 ; et elle retombe à 37 en 1877. Encore cette légère augmentation, relativement au taux de 1873, tient-elle beaucoup moins aux besoins réels de l'industrie qu'à la concurrence effrénée que se font les producteurs, cherchant à regagner, par l'augmentation du chiffre des affaires, la constante diminution du bénéfice par tonne. Qui dira, d'ailleurs, de quel déplorable gaspillage cette concurrence a été la source? Combien de gisements ont été irrémédiablement compromis par une exploitation hâtive, où l'on ne craignait pas de perdre à tout jamais la moitié du charbon, pour extraire l'autre à moins de frais! Véritable crime économique, et qui n'est pas fait pour rendre plus sympathique le sauvage régime industriel imposé par le *Struggle for life.*

Une autre circonstance, conséquence encore plus directe de la guerre, imposait à la métallurgie allemande un surcroît de difficultés : c'était l'entrée en lice, sur ses marchés, des usines de la Lorraine annexée, usines favorisées aussi bien par la grande richesse des gisements de minerai de fer que par la proximité du bassin houiller de la Sarre. Au mois de juillet 1875, les souffrances sont à leur apogée. Le 17 novembre, les maîtres de forges westphaliens, réunis à Düsseldorf, poussent un cri de détresse et supplient le gouvernement de relever les droits d'entrée sur les fers; demande inutile, d'ailleurs, devant le parti-pris libre-échangiste du pouvoir. Le mois de février 1876 voit s'accentuer la crise dans le district de Dortmund. Les industriels menacent de renvoyer leurs ouvriers si l'Etat ne leur donne pas de commandes. C'est alors que le gouvernement de l'empire entreprend de nouveaux chemins de fer et conçoit l'idée d'y remplacer les traverses de bois par des supports entièrement métalliques, beaucoup moins à cause de la valeur intrinsèque du système que parce qu'on y voit un moyen de subventionner efficacement des usines en détresse; mesure assurément intelligente et qui a procuré aux maîtres de forges une sensible atténuation de leurs misères.

Mais ce n'est pas encore la prospérité, tant s'en faut! L'Allemagne produit trop de fonte et surtout trop d'acier. Un mouvement protectionniste accentué se dessine et, au mois d'août 1877, 442 des premières maisons de commerce s'associent pour une démarche dans ce sens, parlant d'émigrer s'il ne leur est pas fait justice. En décembre les aciéries de Ruhrort suspendent leurs payements, et la pression de l'opinion devient si forte, que le chancelier, changeant, comme il l'a fait plus d'une fois, son fusil d'épaule, finit par faire adopter, en mai 1879, par le parlement de l'empire, un tarif sensiblement moins libre-échangiste.

C'est une chose assez singulière, au premier abord, que, durant cette période de souffrances, la production houillère de l'empire ait cessé d'être stationnaire. 1878 a vu extraire 39 millions de tonnes, soit deux de plus que 1877, et, en 1879, on atteindra 42 millions. Mais ces chiffres parlent un tout autre langage, quand on les rapproche des prix de vente correspondants. Tandis qu'en 1874, le prix moyen de la houille westphalienne était de 13 fr. 75, en 1878, il tombe à 5 fr. 69, alors qu'au même moment il est, en France, de 13 fr. 46. Certes, la Westphalie est favorisée d'une façon toute spéciale par la richesse des gisements et le bas prix de la main-d'œuvre. Néanmoins, une pareille différence n'est susceptible que d'une seule explication : c'est qu'ici, comme en Belgique et en Angleterre, le marché des charbons gémit sous le poids d'une concurrence sans frein et que la houille, tout comme le fer, est l'objet d'une *surproduction* absolument désordonnée.

Et la France? Chose curieuse, c'est elle qui a le

moins souffert de la dépression universelle ! Ce privilège, elle en a été redevable précisément à sa
défaite, qui lui a fait un devoir de la prudence et du
recueillement. Occupée à panser ses blessures et à
reconstituer ses ressources, elle a si bien su éviter
les excès de spéculation où tombaient les autres
peuples, qu'au mois de janvier 1879, alors que le
bilan de l'Europe entière était encore si désastreux,
l'*Economiste français* avait le droit d'écrire : « La
France est en ce moment le seul pays qui puisse se
vanter d'une bonne situation financière. » Ce n'est
pas que, de 1873 à 1879, la métallurgie, malgré
quelques reprises partielles, ait vu des jours prospères. Du moins elle a été, en général, assez bien
inspirée pour ne pas exagérer sa production, que les
besoins du pays ont suffi à absorber. Aussi l'extraction houillère a-t-elle été, à 300 000 tonnes près,
invariable entre 1873 et 1879, oscillant toujours
autour de 16 millions et demi de tonnes. Malheureusement pour les producteurs, le prix de vente à la
mine n'a pas cessé de s'abaisser. Il était, en
moyenne, de 16 fr. 75 en 1873. Il n'est plus que
de 13 francs en 1879. Or comme, dans cet intervalle, l'importation de combustibles étrangers s'est
accrue de 700 000 tonnes, il est visible que c'est
la concurrence des houilles anglaises et belges qui
a déprimé le marché de nos charbons. Ce qui le
prouve mieux encore, c'est que les prix de vente ont
subi une baisse sensiblement plus prononcée sur les

lieux de consommation que dans les centres mêmes de production. D'ailleurs, les charbonnages ont eu plus d'une fois à compter avec la question ouvrière ; témoin la grève d'Anzin, se produisant en 1878, c'est-à-dire au moment où les travaux préparatoires, entrepris postérieurement à la première crise, commençaient à manifester leur effet, par un supplément de production dont la conséquence nécessaire était, avec l'avilissement des prix, la réduction des salaires ou tout au moins celle des heures de travail.

Quoi qu'il en soit, on peut dire que la France a traversé sans désastres les années difficiles, pendant lesquelles, pourtant, une suite de mauvaises récoltes avaient encore aggravé la situation industrielle. Le commerce du charbon et celui du fer paraissent alors d'autant mieux fondés à compter sur une reprise, qu'on vient d'inaugurer en 1878 l'exécution du grand plan de construction de voies ferrées. Les chemins de fer nouveaux n'avaient absorbé, en 1877, que 25 millions. L'année 1878 leur en accorde 60, et 130 sont prévus pour 1879. Les commandes de rails, arrêtées auparavant à 180 000 tonnes par an, montent, en 1878, à 230 000.

Voilà, certes, de bons éléments ; et si rien ne survient qui arrête cette impulsion, il doit être permis d'espérer une série d'années sensiblement meilleures.

IV

# LE MARCHÉ DES CHARBONS ENTRE 1879 ET 1888

En passant, comme nous venons de le faire, la revue des principales nations intéressées dans le commerce des charbons, nous nous sommes systématiquement arrêtés au milieu de l'année 1879, c'est-à-dire au moment où commençaient à se produire, en Amérique, les premiers symptômes de reprise. Nous avons déjà dit que les années précédentes avaient été marquées par de très grands progrès dans la colonisation des États de l'Ouest, tels que l'Illinois, le Minnesota, le Kansas, etc. On peut dire que la production agricole s'y était accrue dans des proportions gigantesques. De 1875 à 1878, la culture du maïs avait augmenté de moitié, celle du froment avait doublé, il en était de même de l'avoine. De plus, dans les territoires des Montagnes Rocheuses, les mines, chaque jour plus nombreuses et plus riches, frayaient la voie à l'agriculture, et la découverte de nouveaux bassins houillers ouvrait à 'industrie, dans ces pays, des perspectives presque indéfinies. Enfin le Mexique, si longtemps paralysé par les révolutions, voyait ses ressources se développer et son crédit s'affermir, ce qui provoquait, dans l'État voisin du Texas, un redoublement d'activité.

De tels progrès appelaient nécessairement une extension du réseau des voies ferrées, surtout à l'ouest du Mississipi. Aussi commençait-on à se départir de l'extrême réserve qui avait succédé à la frénésie de 1872. Tandis que l'année 1877 avait vu construire environ 4500 kilomètres de chemins nouveaux, on s'était risqué à en faire 6400 en 1878, et on en projetait davantage encore pour 1879. Toutefois, pour que cette amélioration prît un caractère décisif, il fallait quelque chose qui rendît aux capitalistes la confiance et l'entrain, paralysés depuis les précédents désastres. L'impulsion désirée se produisit, d'une manière assez inattendue, comme conséquence d'un phénomène de l'ordre météorologique ou, si l'on veut, climatologique [1].

La récolte de 1879 fut aussi mauvaise en Europe qu'elle était abondante aux Etats-Unis. Aussitôt que cette différence eut été reconnue, les blés américains affluèrent dans le vieux monde pour y rétablir l'équilibre, et cette exportation eut pour résultat de faire passer, de l'autre côté de l'Atlantique, une notable

[1] Voy. l'article de M. Clément Juglar, dans l'*Economiste français* du 13 mars 1880.

quantité d'or européen. La vue de ce numéraire ranima instantanément la confiance des capitalistes et fit naître un vif mouvement industriel, dont on peut fixer le point de départ au mois de septembre 1879. Les entreprises de chemins de fer en bénéficièrent les premières et, à la fin de l'année, on comptait que déjà le réseau des voies ferrées américaines s'était augmenté, en douze mois, de 7600 kilomètres. Mais ce fut bien autre chose par la suite. En 1880, la construction annuelle atteignit 11 500 kilomètres et, dans chacune des deux années 1881 et 1882, on arriva au chiffre énorme de *dix-huit mille kilomètres*, c'est-à-dire 50 pour 100 de plus qu'en 1872. Il est à peine besoin de dire que la plupart des nouveaux chemins appartenaient au réseau des États et des territoires de l'Ouest, ainsi qu'au Texas.

Si les circonstances avaient été les mêmes qu'en 1872, une crise effroyable eût été la conséquence inévitable d'un tel débordement d'activité. Heureusement, le cours forcé des billets avait depuis longtemps pris fin ; les besoins, auxquels répondaient les nouvelles constructions, étaient moins factices. On en fut quitte, au début, pour un malaise qui obligea, en 1883, à restreindre l'accroissement du réseau ferré au chiffre de 10 000 kilomètres. En 1884, on n'en faisait plus que 4800. La même année vit se produire des catastrophes financières qui ébranlèrent la place de New-York et enrayèrent absolument le mouvement des affaires. Mais, au lieu d'occasionner, comme cela s'était produit dix ans auparavant, la faillite des sociétés de chemins de fer, ces catastrophes atteignirent surtout les maisons de banque, et furent, avant toute chose, le résultat de l'agiotage effréné auquel, pendant trois ans, on s'était livré en Amérique... et malheureusement aussi chez nous !

Mais ce qu'il nous importe ici de considérer, c'est l'influence exercée par cette reprise des chemins de fer sur les industries du fer et de la houille. Au début, on put croire, en Europe, que les beaux jours de 1873 allaient revivre. Les commandes américaines affluèrent en Angleterre, faisant monter les *warrants* de fonte, entre le mois d'octobre 1879 et la fin de décembre, de 53 francs à 89. L'exportation anglaise, en 1879, fut onze fois plus forte qu'en 1878. Les six premiers mois de 1880 la voyaient croître de 20 pour 100, et les envois de fer, en Amérique, atteignirent leur apogée en avril. Sous cette influence, une poussée rapide eut lieu dans la production des houillères britanniques. De 134 millions de tonnes qu'elle était en 1879, elle passa brusquement à 147 en 1880, pour arriver à 154 en 1881. En même temps, les prix subissaient une hausse très marquée.

Mais alors se produisit un ralentissement assez sensible et d'ailleurs bien facile à expliquer. Si, en 1879, les Américains avaient demandé du fer à l'Angleterre, c'est que leur production sidérurgique avait été partiellement arrêtée par la crise précédente; mais nous savons que la capacité des usines créées après 1871 était à la hauteur des nouveaux besoins, et il suffisait qu'elles eussent le temps de se remettre en feu pour qu'il leur devînt facile de battre les Anglais, écrasés par l'énormité des droits d'entrée. C'est ce qui ne tarda pas à arriver. En 1879, il y avait 384 hauts-fourneaux en activité dans l'Union; deux ans après, on en comptait 473 et la production de fonte atteignait 4 500 000 tonnes, pendant que l'extraction de charbon de terre sautait de 62 millions de tonnes (chiffre de 1879) à 80 millions en 1881, et à 98 millions en 1883. Aussi, du même coup, la métallurgie anglaise doit resteindre son activité et la production houillère annuelle de la Grande-Bretagne ne s'accroît plus, en deux ans, que de 9 millions de tonnes, ce qui n'empêche pas le prix du charbon de baisser plus encore qu'il n'avait monté précédemment. Même la baisse eût été certainement plus forte, sans le développement que prenait, à ce moment, dans le Royaume-Uni, la construction des navires à vapeur en fer ou en acier, l'Amérique, qui n'avait qu'une marine marchande très insuffisante, se trouvant tributaire de l'Angleterre pour son commerce maritime, devenu énorme en quelques années. En 1883, l'industrie sidérurgique en Angleterre commence à perdre confiance, en voyant se fermer de plus en plus le marché américain. La production annuelle de houille qui, dans cette année, avait atteint 163 millions de tonnes, baissera constamment jusqu'en 1886, où nous la trouverons de 157, et la baisse des prix sera encore plus rapide que celle de l'extraction, malgré le progrès à peu près continu de l'exportation de houille durant cette période. Plus tard, un mouvement inverse se dessine, qui finit, en 1888, par porter la production à 169 millions de tonnes; mais les prix baissent toujours, et la valeur totale de cette extraction, la plus grande que le Royaume-Uni ait encore connue, n'atteint même pas 1100 millions de francs.

Ainsi la hausse de 1880 résulte encore d'une bourrasque venue d'Amérique en Angleterre, et toujours produite par la même cause; mais cette bourrasque aura été moins longue et moins violente. De plus, elle aura très peu réagi sur le continent, du moins sur la France, où d'autres influences beaucoup plus prochaines gouvernaient, à ce moment, le marché des charbons. Ce sont ces influences qu'il nous reste à analyser.

On se rappelle que l'année 1878 a été marquée par la mise en train du programme de travaux publics connu sous le nom de plan Freycinet. Ce n'est pas ici le lieu d'apprécier avec détail cette conception, par laquelle on avait rêvé, dit-on, d'absorber si bien, au profit de l'industrie, toutes les forces vives du pays, qu'il ne serait plus resté aucune énergie à dépenser en querelles politiques. Le moins qu'on en puisse dire est, assurément, de traiter l'idée de chimérique. Le plan prévoyait l'exécution de 18 000 kilomètres nouveaux, devant coûter 4 milliards, et, faute de savoir résister à des convoitises peu avouables, on avait, du premier coup, engagé la construction du tiers de ce total, pour arriver, en quelques années, à constater que la dépense serait au moins double de celle qui avait été prévue!

Si cette utopie devait peser lourdement sur le budget de la France, du moins les usines métallurgiques pouvaient-elles, semble-t-il, se tenir assurées d'y trouver une belle source de profits; car les commandes de rails aux forges françaises, après avoir monté, en 1877 et 1878, de 186 000 tonnes à 235 000, devaient atteindre 239 000 tonnes en 1881, 290 000 tonnes en 1882, et 341 000 en 1883. A cela il faut ajouter les ouvrages métalliques, les locomotives, les wagons et tout le reste de l'outillage.

De fait, une reprise métallurgique se dessine chez nous en 1879 et 1880. Au début même, la confiance est telle, qu'on n'hésite pas à créer à grands frais des usines à fer et à acier, fortement outillées en vue de la consommation que vont entraîner les chemins de fer. C'était, d'ailleurs, le temps où les compagnies commandaient les locomotives par centaines, multipliant les trains et inaugurant ce qu'on pourrait appeler une exploitation *intensive*. Mais précisément la concurrence excessive des établissements sidérurgiques entrave la hausse; puis survient, en 1882, le *krach* de la Bourse de Paris, qui réagit douloureusement sur toutes les affaires. Les recettes des chemins de fer commencent à s'effondrer. Le phylloxera paralyse la production vinicole et ajoute encore à la détresse du commerce. Enfin, on s'aperçoit qu'on s'était engagé, avec le plan Freycinet, dans une aventure qui ne pouvait aboutir qu'à un désastre, et le régime des conventions avec les compagnies met fin à la fiévreuse activité des chantiers. La demande de rails tombe tout d'un coup au dixième de ce qu'elle était précédemment. Les marchés sont résiliés. Alors, pour utiliser un outillage devenu superflu, les métallurgistes vont s'ingénier à trouver des commandes. La concurrence, qui déjà leur a fait tant de mal, redouble d'intensité, et on les verra, jusqu'en 1889, se faire, sur les marchés de consommation, une telle guerre, que le fer, produit à perte par bon nombre d'usines, vaudra, en France, jusqu'à 20 francs de moins par tonne qu'en Belgique et en Allemagne !

Sous l'influence des demandes de la métallurgie, et aussi grâce à un mouvement marqué de multiplication dans le nombre des appareils à vapeur employés par les diverses industries, la production houillère française, si longtemps et si sagement stationnaire, s'était brusquement accrue de 1879 à 1880, passant de 17 à près de 19 millions de tonnes. La progression avait été moins rapide ensuite, le chiffre de 21 300 000 tonnes n'étant atteint qu'en 1883.

A partir de ce moment, une baisse assez brusque était survenue, et l'extraction n'était plus, en 1885, que de 19 millions et demi, la diminution survenue correspondant exactement à la réduction de l'activité métallurgique. Après cette dépression, conséquence de l'abandon du plan, une reprise se produisit, qui, en 1887, ramenait l'extraction juste au chiffre de 1883, pour la faire monter, en 1888, à 23 millions de tonnes. L'importation de houilles étrangères, au même moment, dépassait 10 millions de tonnes, soit plus du tiers de la consommation totale.

On pourrait croire que, dans cet intervalle, les prix avaient subi des fluctuations diverses, montant avec la production, baissant avec elle. Il n'en est rien. Depuis 1879, où le prix moyen, sur le carreau de la mine, était de 12 fr. 93, on le voit descendre progressivement et sans trêve. En 1886, la tonne de houille n'est plus vendue, en moyenne, que 11 fr. 20 dans l'ensemble de la France. Dans le Nord et le Pas-de-Calais, qui, à ce moment, représentent la moitié de la production indigène, le prix est plus bas encore : il n'atteint pas 10 francs. A côté, du reste, la Belgique n'enregistre plus que 8 fr. 25, ce qui met ses houillères dans la plus pénible situation. A-t-on, au moins, touché le fond? Non; car 1887 voit le prix moyen s'abaisser à 10 fr. 63 pour l'ensemble de notre pays, à 9 fr. 30 dans le bassin du Nord et du Pas-de-Calais, à 8 francs en Belgique.

Pourtant, malgré l'exemple des charbonnages de la Loire, qui, en restreignant leur production, parvenaient à maintenir les prix et même à les augmenter, les houillères du Nord, au lieu de chercher, dans une réduction de l'extraction, un remède à leurs souffrances, semblent n'avoir d'autre souci que d'étendre encore leur clientèle. Elles avaient extrait 9 600 000 tonnes en 1885. Elles en tirent 10 400 000 en 1886, 11 400 000 en 1887, et 12 360 000 en 1888. La Belgique, qui, en 1883, avait atteint 18 000 000, trouve moyen de dépasser ce chiffre en 1887 et d'y ajouter encore un nouveau million en 1888. La maladie de la surproduction est à son comble, et il semble que rien ne puisse plus l'arrêter.

L'Allemagne, qui souffre des mêmes misères, n'en suit pas moins des errements encore plus fâcheux. La production houillère croît toujours avec une rapidité vertigineuse. En 1879, elle était de 54 millions de tonnes. En 1883, elle arrive à 71. A la vérité, la progression devient ensuite un peu moins rapide, sous l'influence d'un état de crise qui pèse lourdement sur l'année 1884. Cependant le chiffre de 76 millions sera dépassé en 1887. Au prix de quelles souffrances? C'est ce que disent assez éloquemment les bilans des sociétés houillères, et les efforts tentés, à plus d'une reprise, en vue d'établir, entre tous les producteurs, un concert pour restreindre systématiquement l'extraction, afin de maintenir des prix rémunérateurs. M. Claudio Jannet a raconté, dans le *Correspondant*, et M. E. Gruner a également exposé, dans une publication spéciale [1], l'histoire de ces tentatives toujours infructueuses, vu l'impossibilité de grouper tous les exploitants, sans exception, sous une même direction générale. Pendant ce temps, au contraire, les ouvriers apprennent, de mieux en mieux, à se serrer autour de l'étendard des agitateurs, et des grèves viennent, à chaque instant, aggraver les souffrances de l'industrie houillère.

En résumé, c'est un bien pauvre bilan que celui de cette industrie, à la veille du jour où va se célébrer le centième anniversaire de la révolution de 1789! Bouleversée à plusieurs reprises par les fantaisies de la spéculation américaine, elle expie chaque fois une ou deux années de prospérité par de longues périodes de dépression, pendant lesquelles elle ajoute elle-même à ses maux, soit par des entreprises mal calculées, soit par une concurrence sans frein ni mesure; voyant son principal client, la métallurgie, endurer pour la même cause des misères qui ne sont pas moins cuisantes. Le vertige est d'ailleurs général; il sévit dans la monarchique Angleterre comme dans la France républicaine et l'Amérique fédérale. Même l'Allemagne, avec sa centralisation puissante et l'influence prépondérante de

[1] Voy. les publications du *Comité des houillères de France.*

son illustre chancelier, n'y paye pas un tribut moins sévère et il semble que le régime économique n'y soit pour rien ; car le mal est aussi grand dans l'Amérique protectionniste que dans la Grande-Bretagne avec son libre-échange. La lutte intérieure fait plus de mal encore que la concurrence étrangère. Tant l'âpre soif du gain, qui est la cause de tous ces maux, est aujourd'hui indépendante du pays où l'on vit, comme des institutions qui le régissent !

L'avenir semble donc très sombre pour les producteurs de charbon. Pourtant quelques jours meilleurs leur sont réservés. Sans que, cette fois, les États-Unis y soient pour rien, une hausse est à la veille de se produire, dont les causes seront singulièrement plus complexes et plus difficiles à démêler que celles qui ont agi jusqu'ici, et pendant laquelle le spectre de la question sociale se dressera plus menaçant que jamais. C'est l'examen de cette phase, tout actuelle, qui va maintenant nous occuper.

# V

## LA HAUSSE ACTUELLE

Le caractère dominant de la période industrielle qui se termine en 1888 a été, nous l'avons vu, la concurrence à outrance, producteurs de charbons et maîtres de forges se disputant partout une clientèle récalcitrante et s'ingéniant à provoquer des commandes par l'appât d'un continuel abaissement des prix. A jouer longtemps pareil jeu, la ruine était certaine; mais on commençait à entrevoir des symptômes plus favorables, et déjà des esprits clairvoyants, comme M. Clément Juglar, ne se faisaient pas faute d'annoncer une reprise prochaine, parce que les circonstances présentes, interprétées à la lumière des enseignements du passé, leur semblaient indiquer que la baisse avait touché le fond.

En effet, pendant que les houillères et les usines métallurgiques méritaient à bon droit le reproche de surproduction, on peut dire que les consommateurs, de leur côté, mettaient une obstination visible à demander moins que le nécessaire. Devenus craintifs après tant de secousses, ils avaient perdu cette confiance que réclame l'exercice régulier du commerce et de l'industrie. Partout les commandes étaient réduites au minimum indispensable; personne ne voulait plus avoir de stocks et on laissait tomber tous les approvisionnements, simplement parce que la baisse continuelle des prix faisait qu'à chaque inventaire on se fût trouvé, avec une même quantité de marchandises, moins riche que précédemment. Même la plupart des compagnies de chemins de fer cédaient à cette crainte, et si quelques-unes, mieux inspirées, profitaient de la baisse pour garnir leurs magasins, les autres ne commandaient plus que ce dont elles ne pouvaient absolument pas se passer; abstention d'autant plus fâcheuse, que toute reprise du commerce des houilles se heurte, l'expérience le prouve, à une complète insuffisance du nombre des wagons, ce qui aggrave la crise de hausse en la compliquant d'une crise de transports; non que le prix de ceux-ci s'élève; mais les consommateurs ne sont plus servis à temps.

Pourtant tout cela n'empêchait pas le monde de marcher. Peu à peu, les traces des ruines précédentes s'effaçaient; les situations embarrassées étaient liquidées, et l'accroissement des besoins réels, qui est jusqu'à présent la loi des sociétés modernes, reprenait son cours régulier. En ce qui concerne les charbons, on aurait pu s'en apercevoir, dès le milieu de 1888, à un signe bien caractéristique : la cons-

tante diminution de l'ancien stock des houillères du
Nord, du Pas-de-Calais et de la Belgique. Mais telle
était encore l'appréhension excitée par les crises
antérieures que ce fait, pourtant indéniable, demeurait inaperçu ou du moins sans influence sur les
cours. Pour les relever, ou plutôt pour fournir au
mouvement de reprise l'impulsion initiale, capable
de vaincre la force d'inertie, il fallait, comme toujours, un phénomène économique propre à frapper
les esprits. De l'Amérique du Nord, il n'y avait plus
rien à attendre. Déjà, dans ce pays, la production
annuelle de fonte était arrivée à 7 millions et demi
de tonnes, c'est-à-dire qu'elle atteignait presque,
menaçant de la surpasser bientôt, la fabrication, jusqu'ici sans rivale, de la Grande-Bretagne. Aussi,
bien que les constructions de chemins de fer eussent
recommencé aux États-Unis (on en faisait en 1888
plus de 11 000 kilomètres), la métallurgie européenne n'avait-elle rien à en espérer. Même il était
arrivé déjà, en Angleterre, quelques milliers de
tonnes d'acier américain. Il est vrai que, par contre,
l'Amérique du Sud commençait à offrir d'importants
débouchés. Une vraie fièvre de chemins de fer s'était
développée dans la République Argentine. Le Brésil,
le Chili, l'Uruguay, éprouvaient aussi de grands
besoins. Non loin d'eux, le Mexique faisait de même,
et le commerce d'exportation, surtout celui de l'Angleterre, en recevait une vive impulsion. En même
temps, les Indes et l'Australie multipliaient leurs

commandes en Europe; enfin la fièvre d'armements qui s'était emparée de toutes les puissances promettait de meilleurs jours à l'industrie du fer. Mais si cela devait suffire pour légitimer et maintenir une hausse acquise, il fallait autre chose pour provoquer une marche en avant. Comme en 1879, une mauvaise récolte en devint le prétexte; afin de le prouver, établissons, par des chiffres, la date précise du mouvement de hausse.

Nous y parviendrons en suivant avec attention les cours du marché anglais. Pendant les neuf premiers mois de l'année 1888, à Cardiff, le prix de la tonne du charbon à vapeur de première qualité s'était maintenu aux environs de 12 francs. Au mois d'octobre, ce prix monte à 15 francs, pour atteindre 16 en novembre et dépasser 17 au 1.er janvier 1889. Pendant ce temps le charbon de Newcastle ne subissait qu'une hausse minime, de 2 fr. 50 au plus, et, ce qui est absolument topique, *le prix du coke demeurait sans changement*, au cours de 12 à 20 francs selon la qualité. En mars 1889, le coke reste invariable, mais le charbon de Newcastle monte à 15 fr., et Cardiff continue son mouvement ascensionnel, qui le porte à 19 francs [1].

Voilà donc une hausse bien dessinée, mais dont la cause ne peut être cherchée dans les besoins de la métallurgie, puisque le prix du coke n'en est pas

---

[1] Ces chiffres sont ceux du *Colliery Guardian*.

affecté. Si, d'ailleurs, on remarque que le bassin de Cardiff en a été le véritable centre, en réfléchissant que la houille de ce district, éminemment propre à l'alimentation des chaudières à vapeur, est celle qu'on emploie de préférence pour les navires, on devine que la demande a dû être provoquée principalement par les besoins de la marine marchande. En outre, ces besoins sont, jusqu'ici, d'origine exclusivement anglaise ; car, au mois de décembre 1888, on constate que, dans les bassins du Nord et de la Belgique, malgré un grand développement de la production, les bénéfices des houillères n'ont pas augmenté. Partout l'abaissement du prix de vente a compensé, parfois même dépassé, l'avantage dû à l'augmentation de l'extraction [1].

Arrivons à la cause de la hausse anglaise. La récolte de 1888 avait été particulièrement mauvaise dans l'Europe occidentale. On évaluait, pour la France, le déficit à 10 ou 15 millions d'hectolitres. L'Allemagne et l'Angleterre n'étaient pas moins éprouvées. Il fallait donc compenser ce défaut de production par l'importation étrangère. On aurait pu s'adresser aux États-Unis, qui avaient un excédent disponible ; mais la Russie méridionale possédait aussi d'importants stocks de grains, et, depuis que la circulation était devenue très active à travers le canal de Suez, on avait pris l'habitude de faire entrer

[1] *Economiste-français*, 22 décembre 1888.

les pays de l'extrême Orient, pour une part de plus en plus large, dans l'alimentation de l'Europe. Les armateurs anglais s'empressèrent donc de diriger de ce côté tous les steamers disponibles, et la hâte fut telle qu'on se décidait à faire partir les navires sur lest, plutôt que de manquer, par un ajournement du voyage, la perspective d'un bénéfice certain. A plus forte raison trouva-t-on avantageux de charger au départ, comme fret d'aller, les stocks accumulés depuis quelque temps dans les charbonnages de Cardiff, et la houille de cette provenance fut ainsi dirigée vers la Méditerranée en telle abondance, qu'il n'en coûtait pas plus cher alors, pour avoir une tonne de charbon anglais à Malte, que pour l'acheter au Havre. Comme chiffre bien caractéristique, cette île de Malte, escale obligée des navires, reçut, en novembre 1888, 66 000 tonnes de charbon, alors que, dans la période correspondante de 1887, elle n'en avait eu que 5000. De cette manière, et par le seul fait des deux ou trois derniers mois, l'exportation des charbons anglais en Italie, qui avait été en 1887 de 3 200 000 tonnes, s'éleva en 1888 à 3 471 000 tonnes.

Si les houilles de Cardiff se fussent ainsi offertes, à la faveur du bas prix du fret, sans que les besoins des pays méditerranéens eussent sensiblement grandi, la hausse n'eût pas été la conséquence de cette exportation. Mais juste à ce moment, l'Italie, obéissant aux exigences allemandes, se préparait à des éventualités guerrières et voulait constituer, dans ses arsenaux, de gros approvisionnements. Plus de *quatre cent mille tonnes* lui devinrent ainsi nécessaires en 1889, pour la satisfaction de sa mégalomanie, et la crainte de manquer de charbon fut telle, qu'on vit en février des ingénieurs italiens venir à Cardiff, pour y acheter à tout prix la houille disponible.

A ce moment, les Anglais s'aperçoivent que toute leur marine marchande est occupée; les frets montent et l'on juge que le moment est venu de lancer de nouveaux navires. L'ancienne marine à voiles a d'ailleurs fait son temps, et ce sont de grands steamers, en tôle de fer ou d'acier, qu'on met partout en chantier. L'année 1888 en a vu construire déjà pour 900 000 tonneaux; en 1889, on en commandera 1 400 000, sur lesquels 300 000 représentent la consommation étrangère et 200 000 sont affectés à la marine de l'Etat, dont un récent vote du Parlement a décidé l'accroissement. De leur côté, les Allemands cherchent partout à compléter leurs stocks de guerre sur les chemins de fer; ils exécutent des lignes nouvelles, commandent des locomotives et des wagons, pour être prêts à toute éventualité. La reprise métallurgique, si longtemps attendue, se dessine de la façon la plus nette; partout les ordres affluent, et naturellement le marché des charbons reprend une allure qu'il ne connaissait plus depuis longtemps. C'est le tour du coke et de la houille de Newcastle de profiter du mouvement, et tandis qu'à Cardiff les prix vont demeurer stationnaires jusqu'à la fin de l'année, le coke de Newcastle, coté de 18 à 24 francs en mai 1889, atteint 24 à 33 francs en août, monte à 34 en décembre, pour s'élever, en janvier 1890, à des prix variables entre 40 et 46 francs. Il est à peine besoin de dire que le prix de la fonte subit un relèvement équivalent, augmentant en trois mois de 50 pour 100. C'est bien le cas de répéter, avec M. Leroy-Beaulieu [1], cette variante d'un aphorisme célèbre : « Quand la métallurgie va, tout va. »

Cette reprise, dont le continent a sa bonne part, a été provoquée, on le voit, surtout par des besoins intérieurs, c'est-à-dire propres à l'Europe. Ces besoins suffisaient-ils pour légitimer une aussi forte hausse et n'y a-t-il pas quelque chose de factice dans l'exagération du mouvement auquel nous venons d'assister? Pour le savoir, étudions de plus près les dernières fluctuations de l'industrie sidérurgique.

La fabrication de la fonte, particulièrement développée en Écosse, y donne lieu à des transactions extrêmement actives, grâce au système des *warrants*. Tout lot de fonte fabriquée est représenté par un certificat ou warrant, qui se négocie à la bourse de Glascow et dont le cours donne la mesure de la prospérité métallurgique dans ce pays. Pendant les six premiers mois de 1889, le cours des warrants, pour une tonne de fonte d'Écosse, ne cessa de se tenir aux environs de 55 francs. Au mois d'août, il ne

---

[1] *L'Économiste français*, 21 décembre 1889.

s'élevait encore qu'à 56 ; mais le 28 septembre, on dépassait 59, pour atteindre 61 le 5 octobre et 66 le 12 du même mois. La hausse continuait si bien qu'on trouvait, au commencement de novembre, les warrants à 75 francs, pour les voir arriver, à la fin du mois, à 79 ; le 28 décembre, ils étaient encore à 78.

Assurément la spéculation est pour beaucoup dans ce résultat. Tout le monde le reconnaît en Angleterre, où l'on sait que non seulement les fontes de Middlesborough, qui autrefois ne participaient pas à ce genre de négociations, ont adopté le système des warrants, qui facilite à la fois les transactions et l'agiotage, mais encore que les gens du monde se sont mis à spéculer sur ces valeurs ; de telle sorte qu'à de certains moments, les membres des clubs aristocratiques de Londres auraient eu, paraît-il, leurs portefeuilles bourrés de warrants, qu'ils échangeaient entre eux avec la même frénésie que s'il se fût agi de paris de courses.

Toutefois, pour qu'une spéculation s'établisse d'une façon aussi brusque, il faut bien qu'un évènement industriel soit venu lui donner l'impulsion et le prétexte nécessaires ; et puisque la hausse s'est produite subitement vers la fin de septembre, c'est à cette date qu'il nous en faut chercher la cause. Or, à côté des besoins que nous avons déjà signalés, il est précisément survenu, en septembre et octobre 1889, un fait qui n'est en aucune façon négligeable : c'est la disparition subite d'un stock d'au moins

*cent mille tonnes* de fonte d'affinage, qui encombrait
les usines du groupe de Longwy, et que des maisons
allemandes sont venues acheter, presque d'un bloc,
à un prix peu différent de 50 francs par tonne.
D'une part, les maîtres de forges, qui depuis longtemps travaillaient sans grand bénéfice, ont saisi,
avec un empressement sans doute exagéré, l'occasion
de s'alléger d'un lourd fardeau, pour reprendre une
marche active. De l'autre, on a conclu, en voyant
ces achats, que l'Allemagne avait des besoins extraor-
dinaires, suffisamment expliqués, semblait-il, par sa
fièvre d'armements et la reprise de son commerce.
Jusqu'à quel point ces besoins étaient-ils réels? C'est
ce qu'il est difficile de savoir; car on n'a jamais vu
très clair dans la suite de l'opération engagée à
Longwy [1]. Le plus grand mystère a pesé sur l'emploi
de ce stock, et l'on a des preuves que, loin de
s'écouler tout entier en Allemagne, il a dû, pour
partie au moins, venir en France ou en Belgique, à
des conditions que les vendeurs se sont bien gardés
de faire connaître, sans doute parce qu'il aurait fallu
avouer de notables concessions [2]. Cela donne à penser
que cet achat était surtout affaire de spéculation;

[1] Même cette opération n'a laissé aucune trace dans certaines publications spéciales qui, d'ordinaire, enregistrent
avec le plus grand soin, chaque semaine, le cours des
fontes sur le continent. C'est ainsi qu'on n'en trouve pas
le moindre indice dans l'*Economiste français*.

[2] **Voy.** la *Revue industrielle* de Charleroi, 26 janvier 1890.

heureuse d'ailleurs, au moins au début, puisqu'elle a produit l'effet désiré, c'est-à-dire une hausse considérable de la fonte. Le fer n'a pas manqué de suivre ce mouvement, et le commencement de 1890 trouve le prix de ce métal augmenté de 25 à 30 pour 100 relativement aux cours de l'année précédente. Alors les bénéfices de la métallurgie sont tels, que, dans certains cas, en présence de l'insuffisance ou du prix excessif du coke disponible, quelques industriels en viendront à transformer des briquettes en coke. Fait inouï jusqu'ici, puisqu'il comporte le sacrifice complet, tant de la main-d'œuvre dépensée pour la fabrication des agglomérés que de la matière employée pour leur donner de la cohésion ! Et pourtant l'entreprise a été notoirement avantageuse pour ceux qui l'ont tentée.

Durant cette même année 1889, le grand succès de l'Exposition universelle affirmait la reprise des affaires en France, donnant d'ailleurs à l'industrie sidérurgique, grâce à l'importance des constructions en fer du Champ de Mars, un encouragement qui n'était pas négligeable. Les chemins de fer voyaient enfin croître leurs recettes; l'agriculture, si longtemps éprouvée, traversait des jours beaucoup meilleurs; la production vinicole se reconstituait rapidement; celle du sucre, dans le Nord, dépassait de près de 400 000 tonnes les évaluations primitives, ce qui correspondait à une demande supplémentaire de plus de 300 000 tonnes de houille; et cela au

moment où les stocks des houillères étaient complè-
tement épuisés. Au total, la consommation du charbon
de terre, en France, arrivait en 1889, pour la première fois, à plus de 34 millions de tonnes; et la
crainte d'en manquer créait, dans plusieurs centres
industriels, une panique dont les intermédiaires profitaient, comme toujours, pour exagérer la hausse.

En d'autres temps, peut-être, les exploitants des
charbonnages se seraient trouvés en mesure de faire
face à la demande par une rapide augmentation de
leur extraction; mais il aurait fallu pour cela posséder des travaux préparatoires, délimitant de nouveaux champs d'exploitation sur lesquels, le moment
venu, on aurait installé de nouvelles équipes d'ouvriers. Or, pendant la période douloureuse et si
prolongée qu'ils venaient de traverser, les propriétaires de houillères s'étaient abstenus de tous les
travaux coùteux, qui n'étaient pas immédiatement
productifs. C'est sur les bénéfices que, d'ordinaire,
on prélève les sommes nécessaires au percement de
nouveaux puits, à celui des galeries à travers bancs,
à l'installation de puissantes machines. Quelle part
des profits y eùt-on affectée, alors qu'on parvenait
si péniblement, et encore pas toujours, à donner
aux actionnaires un maigre dividende? Lors donc
que les stocks se sont trouvés épuisés, il était impossible, lors même qu'on aurait eu des ouvriers sous
la main, de donner immédiatement à l'extraction les
développements désirables, et c'est ainsi que, sur

plusieurs marchés, il y a eu réellement raréfaction du charbon.

En résumé, nous retrouvons dans la crise actuelle la plupart des éléments que nous avons déjà vus à l'œuvre : d'abord une impulsion extérieure (mais où, cette fois, le nouveau monde n'est pour rien), qui donne comme un coup de fouet à l'industrie engourdie, et provoque le réveil de besoins qui semblaient craindre de se laisser voir ; puis des paniques, les unes de l'ordre politique, les autres de l'ordre économique, qui exagèrent la hausse des produits ; enfin la spéculation, voire même l'agiotage, qui se mêlent de plus en plus aux opérations industrielles et risquent d'en fausser à tout jamais la signification.

Cette déplorable influence de la spéculation a été très nettement confessée, au début de cette année, par un homme bien placé pour juger des choses, M. Henry Lea, président de la chambre de commerce de Manchester. Au mois de février 1890, cet éminent industriel, tout en se félicitant de la prospérité générale du commerce en 1889, se plaignait de l'invasion de l'agiotage (*gambling*). Il le montrait s'acharnant sur le coton, sur le fer, sur la houille, en général « sur toute chose que l'homme puisse toucher ici-bas », et il dénonçait cette passion comme propre à « abaisser considérablement le niveau de la moralité publique ». Enfin, il ajoutait : « La hausse du charbon a été, en partie, causée par le système de spéculation et de jeu qui s'est introduit dans le maniement des warrants de fonte. »

Malheureusement, s'il est facile d'apercevoir et de stigmatiser le fléau de la spéculation, il paraît très malaisé d'y porter remède, du moins par voie législative. Au contraire, le mal semble devoir s'aggraver à mesure que se multiplient ces sociétés financières qui n'ont qu'une préoccupation : celle de s'assurer, par la concession de travaux publics ou la mise en train d'entreprises industrielles, de grands et rapides profits. Sous l'influence des appâts qui leur étaient offerts, tous les capitaux flottants, si propres à donner de l'élasticité au crédit des peuples, se sont empressés de se convertir en capitaux fixes. Au lieu de rester dans les mains d'hommes du métier, capables de tenir compte des circonstances et de savoir, quand il le faut, ajourner leurs espérances de gain, les parts d'intérêts se sont éparpillées entre des multitudes de porteurs incompétents et affamés de revenu. C'est pour les satisfaire que les gérants des établissements de production se voient contraints de déployer l'activité maladive dont nous avons plus d'une fois constaté les effets, et il semble ainsi que tout le monde conspire pour justifier la terrible formule que développait, en 1879, au congrès de Lyon, le socialiste Pierre Laffitte : « Produire fiévreusement pour consommer indéfiniment constitue tout l'effort de la vie humaine et toute sa fin. »

Encore, si la spéculation était la seule maladie dont l'industrie eût à souffrir de nos jours! Mais il en est une autre dont l'importance ne cesse de croître et qui exerce, dans la crise actuelle, une influence prépondérante : nous voulons parler des revendications de la classe ouvrière. Toute hausse rapide dans les prix, tout symptôme de prochaine disparition des stocks détermine immédiatement, chez les ouvriers, une fermentation qui aboutit bientôt à des grèves; et comme des suspensions de travail sont aussi la conséquence presque inévitable des réductions de salaires qu'on est forcé d'opérer dans les périodes de baisse, il en résulte, avec les rapides alternatives de prospérité et de détresse auxquelles notre époque paraît assujettie, que les grèves tendent à devenir, en quelque sorte, l'état normal de la condition des ouvriers, de plus en plus accessibles, d'ailleurs, aux excitations politiques.

Toutefois, il convient de faire une heureuse réserve en ce qui concerne la France. Soit que la moindre intensité du mouvement industriel nous mette mieux à l'abri des violentes secousses, soit que le tempérament de nos ouvriers soit mieux équilibré, il est certain que nous n'avons pas, dans ces derniers temps, souffert des grèves, à beaucoup près, au même degré que les pays qui nous entourent. C'est un symptôme très consolant à enregistrer que cette attitude raisonnable de nos mineurs français, au moment où ceux d'Angleterre, de Belgique et d'Allemagne ne cessaient de s'agiter. Malheureusement, vu le chiffre relativement peu élevé de notre production, cela ne nous empêche pas de subir les conséquences des troubles qui surviennent au delà de nos frontières.

Ces troubles ont été considérables depuis moins d'un an. Au mois de mai a éclaté la grande grève de Westphalie, entraînant à certains moments plus de cent mille mineurs et faisant subir, à la production houillère du bassin, une perte qu'on ne peut guère fixer à moins d'un million de tonnes. Le mouvement a gagné, de proche en proche, le bassin d'Aix-la-Chapelle, celui de la Sarre, enfin la Silésie, mais en diminuant nettement d'intensité à mesure qu'on s'éloignait du foyer primitif; car le délicit causé par la grève de la Sarre, par exemple, n'est évalué qu'à 160 000 tonnes. Quand, au lieu d'interroger les chefs reconnus de l'agitation, qui formulaient des revendications plus ou moins spécieuses, relativement aux salaires et aux conditions générales du travail, on s'enquérait auprès des simples mineurs des motifs qui avaient dirigé leur conduite, presque tous avouaient, ou bien qu'ils s'étaient crus obligés d'imiter les camarades de la mine voisine, ou que des étrangers étaient venus leur donner le mot d'ordre.

La grève de Westphalie, coïncidant avec l'instant

où la métallurgie reprenait son essor et où le gouvernement allemand constituait ses stocks de guerre,
obligea les industriels à s'adresser à l'étranger, si bien
que les importations de houille et de coke, en Allemagne, pour 1889, ont dépassé de 1 200 000 tonnes
celles de 1888. On conçoit qu'une telle situation
ait causé, parmi les consommateurs, une véritable
panique, et on s'explique pourquoi, d'octobre 1888
à octobre 1889, les prix des charbons westphaliens se trouvent relevés, en moyenne, de 60 à 70
pour 100. Et comme, tant sous la pression des
industriels affolés que devant l'attitude, favorable
aux mineurs, du gouvernement impérial, les exploitants ont dû concéder la réduction à huit heures de
la journée de travail, il y a, dans cette hausse, un
élément qui doit être considéré comme définitive-
ment acquis.

Le calme était revenu sur les bords du Rhin
quand, au mois de décembre, les mineurs de Charleroi se mirent à leur tour en grève, en même temps
qu'une partie de ceux de la Sarre, et cela juste au
moment où la campagne des fabricants de sucre
battait son plein, en même temps que le gouvernement français commençait à s'émouvoir un peu trop
ostensiblement de la question des approvisionnements. De là un sensible déficit de production, se
faisant sentir jusqu'au 15 janvier 1890, et ne pouvant qu'accentuer le mouvement de hausse. De là
aussi, et toujours sous la pression de la panique des

consommateurs, une réduction consentie, dans la plupart des charbonnages, sur la durée du travail et, par suite, une augmentation définitive du prix de revient.

Enfin, au début de 1890, les Anglais commençaient à reconnaître qu'ils étaient allés un peu loin dans la voie des constructions navales et que cette masse de nouveaux navires en chantiers pourrait bien éprouver quelque embarras à recevoir un emploi rémunérateur[1]. Les États-Unis continuaient à nous être fermés. Le Brésil était en révolution. La République Argentine, pour avoir voulu se développer trop vite, subissait une crise financière. Il semblait donc qu'il dût se produire plutôt un ralentissement dans les affaires, lequel aurait enrayé la hausse. Mais voilà que de nouveau la question sociale est agitée. Les élections allemandes viennent montrer quels progrès les idées subversives ont faits de l'autre côté du Rhin. Le jeune empereur, en voulant prendre à son profit la tête du mouvement, se lance dans une aventure qui inspire à tous les sages politiques de graves préoccupations. Les mineurs

---

[1] On lit dans le *Times* du 25 janvier 1890 : « Il est possible que le commerce des transports maritimes n'ait pas fait un faux calcul sur les exigences actuelles de l'exportation ; néanmoins il serait très dangereux, pour l'industrie anglaise en général, d'escompter l'avenir avec autant d'entrain que les constructeurs de navires. »

allemands recommencent à se coaliser, prenant pour texte les paroles mêmes de leur souverain, devenu pour eux un allié, pour ne pas dire un complice[1]. Quelques jours après, le 15 mars, l'Angleterre nous offrait le spectacle d'une grève de 250 000 ouvriers mineurs, qui refusaient en même temps le travail, dans l'espoir d'affamer les usines et, par suite, de faire capituler les patrons. Et de fait, au bout de quelques jours, où l'on n'entendait plus parler que de hauts-fournaux éteints, d'usines fermées, de villes plongées dans l'obscurité par suite du manque de charbon à gaz, l'opinion affolée pesait sur les producteurs et les contraignait de donner gain de cause aux grévistes, par une augmentation immédiate de 5 pour 100, accompagnée de la promesse d'une égale majoration à brève échéance. Ce n'est pas tout ; à l'heure même où nous écrivons, il est toujours question de grève prochaine en Westphalie, et les socialistes annoncent, en Belgique et en France, des

---

[1] Le 13 janvier 1890, l'*Association des intérêts des mineurs* de Westphalie adressait au syndicat des exploitants une note de revendications, où se trouvait le passage suivant : « Nous vous renvoyons aux paroles si opportunes de Sa Majesté, notre bien-aimé empereur : « *Les ouvriers lisent « les journaux ; ils savent ce que sont les salaires comparative-« ment aux bénéfices des sociétés. Qu'ils veuillent avoir une « part, plus ou moins forte, à ces bénéfices, cela est bien « naturel.* »



7

manifestations tapageuses, cherchant à organiser une grève générale de tous les travailleurs.

Ainsi, tandis que la question ouvrière n'avait joué, dans les crises précédentes, qu'un rôle secondaire, elle paraît, dans les circonstances actuelles, prendre le premier rang, au moins à l'étranger, et ce n'est pas la conférence de Berlin qui l'en fera déchoir. C'est assurément un grave symptôme, surtout au point de vue de l'avenir, quand on réfléchit que, dans le prix de revient de la houille, la main-d'œuvre entre à peu près pour les trois cinquièmes.

Enfin une cause d'exagération de la crise vient toujours se joindre à celles qui viennent d'être énumérées : c'est l'insuffisance notoire du matériel des chemins de fer au moment où se produisent les commandes de charbons. A cet égard, les plaintes, depuis 1887, sont universelles et chaque bulletin hebdomadaire des journaux spéciaux, au moins pendant l'hiver, ne manque pas de dire que les wagons sont introuvables. Dans nos bassins du Nord, ces plaintes ont pris en 1888 une vivacité particulière. En Allemagne, pendant cette même année, les lignes westphaliennes ont été obligées de venir emprunter, en France, *deux mille wagons* à la Société auxiliaire du matériel de chemins de fer. Comme les voies ferrées allemandes dépendent de l'État, les commerçants lésés se sont adressés au gouvernement, qui s'est vu forcé, dans la campagne de 1888 à 1889, de commander du coup 8800 wagons. D'autre part, on a calculé que, pour donner une élasticité suffisante au service des lignes allemandes, il aurait fallu posséder, en sus de ce chiffre, pendant l'exercice de 1889 à 1890, un nouveau supplément de plus de 18 000 wagons, tant le trafic kilométrique avait augmenté. Or la fabrication de 27 000 wagons en deux ans étant une impossibilité absolue, autant valait dire que la crise des transports était destinée à durer aussi longtemps que la reprise de l'activité commerciale.

Il n'est pas difficile de comprendre l'émoi qu'une difficulté de ce genre excite parmi les industriels, surtout chez les fabricants de sucre et les maîtres de forges, qui ne peuvent attendre, les uns parce que la campagne doit être menée en peu de mois, les autres parce que les hauts-fourneaux ne comportent pas de chômage. C'est dans de tels moments qu'on va frapper à toutes les portes pour avoir du combustible et qu'on se résigne à le payer des prix exorbitants. Il faut ajouter que, en pareil cas, les possesseurs de coke ou de charbon disponibles exagèrent d'autant plus volontiers les prix, qu'engagés, avant la hausse, par des marchés qu'ils ne peuvent rompre, ils se voient dans l'obligation de livrer la plus grande partie de leur production à des conditions bien moins avantageuses que celles des cours du moment. On ne saurait donc s'étonner que, payant leurs ouvriers en raison de la hausse survenue, ils cherchent à se dédommager par tous les moyens possibles.

Telles sont les circonstances, très complexes, on le voit, qui caractérisent la crise actuelle. La principale nous paraît être, avec les revendications ouvrières, le violent essor pris tout d'un coup par une foule de besoins trop longtemps comprimés, par suite d'une terreur qui pouvait être justifiée au début, mais dont la durée s'était certainement prolongée plus que de raison.

# VI

## CONSIDÉRATIONS SUR L'AVENIR DE L'INDUSTRIE HOUILLÈRE

Après avoir, comme nous venons de le faire, essayé de suivre, en remontant à leurs causes, les fluctuations de l'industrie houillère pendant les vingt dernières années, il convient de rechercher si, de notre étude, il ne ressort pas quelques enseignements propres à nous éclairer sur l'avenir qui attend cette industrie. Il est bien vrai qu'en pareille matière, avec la part si grande que l'expérience contemporaine oblige de faire à l'imprévu, tout essai de prévisions doit paraître quelque peu entaché de témérité. D'autre part, l'histoire n'a de valeur sérieuse qu'à la condition de servir de guide au présent, en le faisant profiter des lumières que lui fournit le passé. Risquons donc cette aventure et, sans prétendre aucunement à la qualité de prophète, entreprenons de dégager les conclusions d'avenir qui semblent pouvoir se déduire raisonnablement du spectacle des derniers évènements.

En premier lieu se présente une remarque importante : c'est que les crises de l'industrie houillère ne sont nullement isolées, mais dépendent de phénomènes économiques d'une portée tout à fait générale. Nous nous étions fait scrupule, et cela pour cause d'incompétence, d'étendre nos investigations au delà du domaine propre du charbon et du fer. Mais la force des choses nous a entraîné à en dépasser les limites ; car nous avons vu que, historiquement, les variations de ce marché allaient de pair avec celles du commerce en général ; si bien que toute hausse des charbons était sollicitée par une reprise marquée des affaires, tandis qu'une mauvaise situation économique et financière entraînait infailliblement la baisse. Ce résultat, d'ailleurs, n'a rien qui doive étonner ; car il n'est pas, de nos jours, une seule branche de l'industrie qui puisse se passer du charbon de terre, soit qu'elle l'emploie directement, soit qu'elle lui demande de coopérer à la fabrication du fer, ce métal du siècle présent ; et si l'on songe que l'activité des chemins de fer donne aujourd'hui la juste mesure de la prospérité industrielle, on ne sera pas surpris que le marché de la houille soit devenu le baromètre à l'aide duquel on peut le mieux apprécier l'état général du commerce et des affaires.

C'est pour ce motif que les crises houillères obéissent à cette loi générale que, dans un livre récent[1], M. Clément Juglar a si bien mise en lumière, comme

---

[1] *Des crises commerciales.* Paris, Guillaumin, 1889.

présidant fatalement à toutes les crises commerciales ; c'est-à-dire qu'on y remarque des phases de
prospérité, dont chacune, par son développement
même, entraîne une hausse excessive, après laquelle
une inévitable réaction amène une baisse, non moins
exagérée que la hausse. Cette baisse ouvre ce que
M. Juglar appelle justement une *période de liquida-
tion*, et, quand le marché s'est ainsi débarrassé de
tous ses éléments impurs, une reprise se dessine,
dont les esprits clairvoyants peuvent, en général,
prédire l'avènement plus d'un an d'avance. Ainsi va
le monde, et son infirmité naturelle se trahit par
cette complète absence de mesure, aussi bien dans
la prospérité que dans la détresse.

Mais si cette loi fatale gouverne toutes les crises ;
si, par conséquent, il faut s'attendre à traverser
encore des phases de hausse et de baisse, plus ou
moins liées aux alternatives de prospérité et de gêne,
que la variabilité périodique des climats infligera
toujours à l'agriculture, cela ne veut pas dire qu'en
ce qui concerne les charbons, toutes les fluctuations
à venir doivent avoir nécessairement la même allure
ou la même intensité que les précédentes. Au contraire, il nous semble que l'expérience acquise auto-
rise à prévoir certaines modifications, du moins pour
ce qui est relatif aux destinées de l'Europe.

Jusqu'à présent, toutes les perturbations que
nous avons examinées ont laissé apercevoir l'intervention de quatre facteurs principaux : la demande

extérieure, l'action des besoins propres de l'Europe, l'influence de la spéculation, enfin les revendications ouvrières.

Or l'action de l'extérieur, tout à fait prépondérante en 1872, beaucoup plus atténuée en 1880, a été encore moins sensible en 1889. Elle tend donc visiblement à s'affaiblir, et nous croyons qu'il serait imprudent d'en attendre le relèvement. La puissance industrielle des Etats-Unis va grandissant tous les jours; non seulement ils ne veulent plus de nos marchandises, mais ils cherchent à nous inonder de leurs grains, de leurs bestiaux, de leurs produits de toute sorte, et à nous supplanter sur nos marchés d'exportation. Que sera-ce le jour où ils posséderont une marine marchande en rapport avec leurs besoins? Il y a peu d'années, on calculait que les navires de commerce sous pavillon américain desservaient tout au plus 16 pour 100 de l'exportation du pays. Tout le reste, à peu de chose près, était entre les mains des Anglais, devenus, on peut le dire, les entrepreneurs de transports maritimes pour le monde entier. Le jour où les Etats-Unis le voudront, ils feront cesser cet état de choses; ni le fer ni l'acier ne leur manquent; leurs ingénieurs ne passent point pour malhabiles ni pour timorés; l'expérience spéciale des constructions navales leur fit-elle actuellement défaut, qu'ils sauraient bien vite l'acquérir. Quand ils s'y décideront, non seulement les constructeurs de l'Union trouveront facilement, dans la création d'une flotte de commerce, l'emploi de plus d'un million de tonnes de fonte par an, mais ils porteront ainsi, à la métallurgie comme au commerce de l'Angleterre, un coup des plus sensibles.

C'est à ce moment surtout que deviendra grand, pour l'Europe, le danger de perdre la clientèle des pays de l'Amérique du Sud. Cette clientèle est aujourd'hui une de nos plus précieuses ressources. Rien que dans l'année 1888, l'Angleterre a envoyé de ce côté, pour 420 millions de francs de marchandises, réparties entre la République Argentine, le Brésil et le Chili. Un peu ralenties par la révolution brésilienne et par la crise financière de Buenos-Ayres, ces exportations n'en sont pas moins demeurées considérables, et, il y a peu de jours encore, la République Argentine, dont le commerce avec la France est particulièrement actif, venait demander à l'Europe, d'un seul coup, pour 40 000 tonnes de tuyaux en fonte. Mais cet important débouché risque de nous échapper, si les Etats-Unis réussissent à conclure, avec les républiques sud-américaines, la convention douanière, prélude d'une union politique, vers laquelle tendent tous leurs efforts. Sans doute ils n'en sont encore, à cet égard, qu'à des tentatives préliminaires; et on peut fonder quelque espoir sur les incompatibilités naturelles qu'il faudra vaincre, pour amener une entente de la race yankee avec les peuples d'origine latine qui occupent le continent du Sud. Aussi ne disons-nous pas que le péril soit immédiat; mais on ne peut douter de la persévérance que mettront les Américains à poursuivre ce résultat.

Quand ils l'auront obtenu, que restera-t-il à l'Europe? Les colonies anglaises... aussi longtemps qu'elles voudront bien maintenir leur union avec la mère patrie, union déjà passablement entamée au Canada, et le continent noir, vers lequel se porte en ce moment l'activité coloniale des diverses puissances. Nous ne nions pas que, de ce côté, il n'y ait quelque chose à espérer; mais avant de cueillir le fruit, il y a plus d'un danger à courir, sans parler d'un autre péril, celui-là vraiment effroyable, et qui n'est en aucune façon chimérique : la menace de voir la race jaune entrer quelque jour en lice avec nous sur le terrain de la production industrielle!

On le voit, les perspectives ne semblent pas brillantes pour notre Europe, et le moins qu'on puisse dire est qu'une grande prudence s'impose à ceux qui conduisent ses destinées économiques. Le temps n'est plus aux développements grandioses de l'industrie; il faut carguer les voiles et profiter des circonstances favorables du temps présent pour se dégager de toute entreprise tant soit peu risquée. En s'ingéniant, comme font les Belges, à trouver des débouchés lointains, en disputant, le plus longtemps possible, les restes de clientèle exotique sur lesquels il est encore possible de compter, on peut espérer d'arriver sans désastres jusqu'au jour où le progrès normal des besoins intérieurs suffira pour alimenter l'activité des usines. Encore faudrat-il compter avec la concurrence des voisins, d'autant plus redoutable pour la France, à ce moment, que ceux-ci, en raison de l'excès habituel de leurs exportations, seront plus éprouvés que nous par le nouvel état de choses. Mais, de toutes manières, il semble qu'il serait téméraire d'entamer aucune campagne d'accroissement du grand outillage industriel.

La témérité qu'il y aurait à se lancer ainsi serait d'autant plus blâmable, que les besoins intérieurs de l'Europe n'offrent déjà plus le caractère d'exigences impérieuses et rapidement croissantes, qu'ils présentaient il y a vingt ans. Nous n'en voulons pour preuve que la marche suivie, durant cette dernière période, par le développement de la production du charbon.

En 1873, à l'occasion de l'enquête houillère, nous avions été amené à constater que, depuis la construction des premiers chemins de fer, date du grand développement industriel de la France, la production de la houille dans notre pays se trouvait doublée dans une période de *douze ans et demi*. A la même époque, l'Angleterre doublait son extraction en *quinze ans et demi*, tandis qu'en Belgique le doublement en exigeait *vingt et un*. On pouvait croire que cette progression allait se maintenir pendant un assez grand nombre d'années; et même, à en juger par

les étapes déjà parcourues, les plus entreprenants
se seraient peut-être cru en droit d'admettre que
le taux de l'accroissement était destiné à devenir
encore plus rapide. Mais l'expérience allait infliger
à ces illusions le plus complet de tous les démentis.

De 1873 à 1889, la production de la houille française a passé de 17 à 24 millions de tonnes, c'est-à-
dire qu'en seize ans, elle ne s'est accrue que de
44 pour 100, ce qui exigerait pour le doublement
*trente-six ans* ans, soit, à peu de chose près, *trois
fois plus de temps* que dans la période précédente[1].
De même, la production anglaise de 1889 est à celle
de 1872 comme 173 est à 100, d'où il résulte que,
à ce taux, *quarante-trois ans*, au lieu de quinze et

[1] Si, au lieu de considérer la production, on s'attache à
la consommation, laquelle fournit une mesure beaucoup
plus exacte de l'activité industrielle d'un pays, on constate
le résultat suivant : entre 1830 et 1860, la consommation
française avait passé de 2 500 000 tonnes à 14 300 000,
c'est-à-dire qu'elle était devenue près de six fois plus
forte en trente ans; de 1860 à 1865, elle avait augmenté
de 4 200 000 tonnes, soit près de 30 pour 100, ce qui eût
amené son doublement en seize ou dix-sept ans. De 1865
à 1873, la progression a été telle, que le doublement se
serait produit en vingt-quatre ans; enfin, de 1873 à 1889,
on a passé de 25 à 34 millions de tonnes, soit une augmentation de 36 pour 100, exigeant quarante-quatre ans
pour le doublement. Ces chiffres sont absolument signifi-
catifs et montrent combien on aurait tort de compter sur le
maintien des progressions jusqu'ici réalisées.

demi, seraient nécessaires pour doubler le chiffre de 1872. Là encore, nous voilà bien près de tripler la période. Mais c'est bien pis en Belgique, où le progrès de l'extraction, de 1872 à 1888, n'a été que de 3 200 000 tonnes, soit un cinquième de la production initiale, exigeant, par conséquent, *quatre-vingts ans* pour un nouveau doublement, c'est-à-dire à peu près *quatre fois* la période précédemment admise !

Il y a donc un ralentissement très sensible dans l'augmentation de production charbonnière, et si, comme nous le croyons, il faut se préparer à voir les exportations diminuer ou, tout au moins, rester stationnaires, ce ralentissement ne peut que s'accentuer encore. La chose s'explique sans peine, car il y a une limite à cette expansion industrielle, qui n'est autre chose que la mise en pleine valeur des richesses naturelles d'un pays. Cette limite est bien près d'être atteinte le jour où le réseau des voies de communication se trouve assez serré, d'une part, pour que les éléments nécessaires à la production arrivent partout à bas prix; de l'autre, pour qu'aucun produit n'éprouve de gêne à se rendre au point où il peut y avoir le plus d'intérêt à le faire consommer. C'est donc l'état de la viabilité et, avant tout, celui des voies ferrées, qui gouverne le développement économique, et le dernier est assuré de grandir aussi longtemps que le premier peut encore recevoir de l'accroissement.

Or ne peut-on pas prétendre qu'aujourd'hui l'Europe occidentale est à peu près *saturée* de chemins de fer? L'Angleterre et la Belgique possèdent un réseau dont les mailles pourraient difficilement être plus petites. A un petit nombre d'exceptions près, la France ne peut guère s'enrichir que de chemins à voie très étroite. Quant aux lignes nouvelles qu'il reste à construire dans les pays méditerranéens, elles peuvent apporter à ces pays un réel supplément de prospérité; mais, pour nos contrées du Nord, ce sera bien peu de chose, à côté du débouché que les chemins de fer de l'Union américaine offraient autrefois aux forges du vieux monde. Plusieurs de ces pays, d'ailleurs, tels que la Russie, entendent bien désormais se suffire le plus possible à eux-mêmes. Si donc il y a encore plus d'un progrès à attendre comme mise en valeur des ressources des diverses contrées de l'Europe, nous ne croyons pas qu'il puisse s'y accomplir rien de comparable au mouvement qui a marqué surtout le troisième quart du dix-neuvième siècle. Assurément nous ne prétendons pas que la limite des besoins de l'humanité civilisée soit atteinte. A cet égard, l'homme est insatiable et inventera toujours du nouveau; mais ce ne sera plus dans la même mesure. Il n'y a pas à se le dissimuler. Le grand effort est fait et il ne reste plus guère qu'à glaner dans le champ qui a déjà fourni une si riche moisson.

Dans ces conditions, à regarder un avenir, sinon

immédiat, du moins prochain, la hausse du charbon ne semble pas probable, car, si nous ne nous sommes pas trompés, il est difficile d'entrevoir, soit au dehors, soit à l'intérieur, une perspective de demandes propre à justifier une progression. La baisse paraîtrait plutôt indiquée, surtout après l'indéniable exagération du début de cette année, s'il n'y avait pas la question ouvrière, qui s'impose de plus en plus à l'attention. L'augmentation des salaires est partout chose acquise, en même temps que la diminution de l'effet utile des mineurs; et quel que soit l'état de l'industrie, il est peu probable qu'on revienne en arrière. Au contraire, les succès déjà obtenus par les ouvriers sont de nature à encourager, de leur part, de nouvelles tentatives. Même il y aurait lieu de s'en effrayer beaucoup si, par la façon dont les dernières grèves ont été conduites, tant en Allemagne qu'en Angleterre, il ne s'était révélé, chez les travailleurs, une dose de sens pratique et de modération relative, supérieure à ce qu'on avait rencontré auparavant.

Quoi qu'il en soit, les crises, c'est-à-dire les alternatives de hausse rapide et de grande dépression, nous semblent destinées à perdre, dans l'avenir, une partie de leur intensité. A une condition, cependant, c'est que de graves évènements politiques ne viendront pas à la traverse du mouvement industriel; car une guerre européenne, en précipitant des millions d'hommes les uns contre les autres, amènerait une telle perturbation, que tous les calculs humains en seraient forcément renversés. Mais, cette perspective mise à part, il nous semble que l'inévitable diminution des débouchés extérieurs, jointe à un ralentissement, définitif à nos yeux, des besoins intérieurs, ne laisse plus autant de prétextes à ces fluctuations brusques dont nous avons été témoins depuis vingt ans.

Les prévisions que nous venons d'émettre s'appliquent aux temps actuels; mais quand on parle du charbon de terre, il est impossible d'oublier qu'il s'agit d'une matière répandue avec parcimonie dans le sein de notre globe, et dont l'épuisement n'est pas, à beaucoup près, une de ces éventualités qu'on puisse reléguer dans un avenir presque indéfini. Aussi longtemps que le soleil ne nous refusera pas ses rayons, il y aura sur cette terre de l'agriculture et, quelque opinion que l'on professe relativement à l'extinction future de l'astre bienfaisant qui entretient ici-bas la vie, personne ne doute que la théorie seule doive s'en préoccuper. Il n'en est pas de même en ce qui concerne le charbon, ce pain de l'industrie, et il ne faudra pas un bien grand nombre de générations pour que notre Europe apprenne à compter, d'abord avec la rareté, ensuite avec la complète absence de cette précieuse provision de matières combustibles, si merveilleusement accumulée, en vertu d'un dessein providentiel, au milieu de quelques-unes des couches qui composent l'écorce du globe.

Nous savons qu'il est des personnes que ce danger n'émeut pas, parce qu'elles ont confiance dans le génie humain pour découvrir quelque nouvelle puissance de la nature, qui tiendrait lieu des forces dont on demande la production au charbon de terre. L'électricité leur paraît destinée à jouer ce rôle sauveur; et quand on leur fait observer que, jusqu'ici, la force électrique n'est qu'une transformation assez coûteuse de l'énergie renfermée dans la houille, ils répondent que déjà les chutes d'eau sont employées sans frais à la produire, et qu'un jour viendra où les vents, le flux et le reflux de la mer, enfin la chaleur du soleil, rempliront le même office.

Sans doute il n'est pas prudent d'assigner d'avance des bornes aux conquêtes de la science. Pourtant nous nous sentons pris d'un grand scepticisme à l'égard de ces perspectives qui nous forcent à entrevoir, dans l'avenir, la terre comme couverte d'un encombrant réseau de fils de cuivre, pour l'établissement desquels nous soupçonnons que la matière première pourrait bien devenir assez difficile à réunir. Quoi qu'il en soit, il s'agit là de *choses futures*, tout comme celles que portaient en abondance les diseurs de bonne aventure du dessinateur Callot, et qui ne les empêchaient pas d'être horriblement déguenillés. Or le monde a besoin, pour vivre, d'une denrée *existante*. La seule que nous possédions pour le moment se consomme d'un grand train, et l'obligation s'impose de savoir quelle en sera la durée.

Aujourd'hui qu'à peu d'exceptions près, tous les gisements houillers exploitables sont connus et définis, on peut entreprendre d'en calculer l'importance avec une certaine approximation. Sans doute les chiffres qu'on obtiendra de cette façon ne pourront prétendre à une absolue rigueur. Ils donneront néanmoins une idée assez nette, et peu éloignée de la réalité, de la provision sur laquelle l'industrie est encore en droit de compter.

C'est en Angleterre qu'on s'est livré aux recherches les plus approfondies sur ce sujet. Tout récemment, un homme d'une grande compétence, M. Henri Hall [1], inspecteur des mines du Royaume-Uni, a évalué la réserve houillère de la Grande-Bretagne à *cent milliards de tonnes*, en comptant tout ce qui est pratiquement exploitable, c'est-à-dire tout ce qui ne se trouve pas à une profondeur telle, que le travail y deviendrait impossible en raison de la chaleur et des frais de l'extraction. A ce compte, une production de 170 millions de tonnes, comme celle de 1888, amènerait l'épuisement total des réserves en *moins de six cents ans*. Mais ce chiffre est un

---

[1] Voy. la circulaire n° 222 du *Comité des houillères de France*, reproduisant une indication du *Colliery Guardian*.

maximum; car il semble impossible d'admettre que l'extraction reste stationnaire; aussi, M. Hall, en faisant, sur l'accroissement de la consommation, les hypothèses qui semblent le plus plausibles [1], n'accorde-t-il à la réserve qu'environ *deux cents ans* d'existence.

Chose curieuse! la France, en raison de sa moindre consommation, pourrait vivre sur son propre fonds plus longtemps que l'Angleterre! Elle maintiendrait sa production annuelle (qui atteint aujourd'hui et même dépasse 24 millions de tonnes) pendant *sept ou huit cents ans.* Il est vrai qu'actuellement notre pays est obligé de demander chaque année, à l'étranger, un supplément d'environ 10 millions de tonnes. S'il fallait que cette consommation totale de 34 à 35 millions fût exclusivement alimentée par les réserves nationales, on en aurait pour *cinq à six cents ans,* et alors, en admettant une progression annuelle des besoins, analogue à celle de la Grande-Bretagne, on pourrait être conduit à un chiffre peu différent de *deux cent cinquante à trois cents ans.*

Il y aurait bien l'hypothèse d'un ralentissement

---

[1] Ces hypothèses consistent à déterminer, conformément à l'expérience des dernières années, l'accroissement probable de la population, et à calculer, par tête d'habitant, une consommation au moins égale à celle qui a jusqu'ici prévalu. Mais il est clair que ce mode de calcul comporte les réserves que nous avons faites relativement à l'augmentation des besoins intérieurs.

dans la consommation européenne; mais cela seul serait l'indice d'un état de crise, aussi préjudiciable que la rareté du charbon. De toutes manières donc, c'est par *un très petit nombre de siècles, trois à six au plus*, que paraît devoir se chiffrer l'avenir réservé, dans l'Europe occidentale, aux industries qui ne peuvent vivre sans la houille.

C'est bien peu, sans doute, et l'on doit se demander ce qu'il faudra faire, le jour où les conséquences de cet épuisement commenceront à devenir cuisantes. Heureusement, de l'autre côté de l'Atlantique, la Providence s'est plu à accumuler des réserves, qui laissent encore à l'humanité laborieuse une belle marge de développement.

M. Stanley Jevons, l'un des statisticiens les plus renommés de l'Angleterre, a fait en 1881 [1] une évaluation de la surface occupée, dans les différents pays, par les bassins houillers. Cette surface serait de 552 000 kilomètres carrés. Or les États-Unis à eux seuls en possèdent 509 000 [2], soit plus de *quatre-vingt-douze pour cent*. Une seule couche de charbon, la célèbre couche de Pittsburg, en Pensylvanie, se poursuit, avec une puissance comprise entre 1 et 3 mètres, sur près de 50 000 kilomètres carrés,

---

[1] Cité par l'*Economiste français* du 15 octobre 1881.

[2] Il est intéressant de remarquer que ce chiffre de 509 000 kilomètres carrés représente juste la *millième* partie de la surface totale du globe.

c'est-à-dire *vingt fois* l'étendue de tous les bassins houillers français réunis ! Quant à la part de la Grande-Bretagne, elle est seulement de *deux et demi pour cent* (environ 14 000 kilomètres carrés) et celle de la France ne s'élève même pas à *un demi pour cent* (exactement quarante-six centièmes). Dans ces conditions, si l'on accorde aux bassins américains, par unité de surface, la même épaisseur de charbon exploitable qu'à ceux d'Angleterre (et il ne paraît pas y avoir de raisons pour agir différemment), on peut calculer que la grande république a des réserves charbonnières qui peuvent suffire, pendant *plusieurs milliers d'années*, au développement régulier de sa consommation. Tenant compte en outre de ce que ce développement peut marcher de pair avec l'accroissement de la population, l'extension de la culture et la colonisation d'immenses territoires, on jugera de l'avenir qui demeure réservé aux États-Unis, à l'heure où les perspectives paraissent si peu riantes pour la vieille Europe !

Pour donner une idée précise des ressources de ce pays privilégié, disons que la consommation totale du globe, en charbon de terre, étant aujourd'hui de 450 millions de tonnes par an, les gisements de l'Union y pourraient suffire pendant plus de *onze mille ans*, à supposer que l'épaisseur moyenne de toutes les couches de charbon réunies fût de 10 mètres, chiffre inférieur à celui qui est généralement admis pour l'Europe. Voulût-on réduire sensiblement cette épaisseur, qu'il n'en résulterait pas moins une durée assurément supérieure au temps qui s'est écoulé depuis l'établissement de la civilisation grecque jusqu'à nos jours.

Ainsi le charbon ne fera pas de si tôt défaut..... à ceux qui sauront l'aller chercher de l'autre côté de l'Atlantique. Mais, pour l'Europe, les jours de son industrie sont bien plus étroitement mesurés, à moins d'une découverte tout à fait imprévue. C'est une raison de plus, ajoutée à celles que nous avons déjà fait valoir, pour qu'une période de recucillement et de prudence succède aux entreprises audacieuses du temps passé. Car il ne serait pas permis, se voyant encore des provisions pour quelques centaines d'années, de les gaspiller à la légère en disant : Après moi... la famine!

Il nous en coûterait de terminer cette étude par une note d'apparence aussi pessimiste. Après tout, ce n'est ni à notre génération, ni à celles qui la suivront immédiatement, qu'appartiendra le soin de résoudre les graves difficultés engendrées par l'épuisement du combustible minéral. A cet égard, le chiffre de trois cents ans représente, en vérité, plutôt un minimum qu'un maximum. Or, trois siècles, c'est plus qu'il n'en a fallu pour passer de Richelieu à Bismarck! Il y a trois cents ans, Henri IV commençait à peine à refaire, de toutes pièces, la France absolument épuisée, et plus d'un demi-siècle devait encore s'écouler avant que Colbert fît naître les premiers rudiments de l'industrie nationale. Une nouvelle période de trois siècles laisse donc place à bien des évènements. Songeons aussi que les chemins de fer comptent à peine soixante ans d'existence, et que leur en accorder au moins cinq fois autant est encore leur laisser une assez belle carrière à parcourir, sans préjudice de ce qu'ils y pourront ajouter, au besoin, avec du combustible importé d'Amérique.

Donc, si nous avons cru devoir sonner, en vue de l'avenir, la cloche d'alarme, cela ne nous empêche pas de reconnaître qu'il reste encore à notre industrie, comme on dit vulgairement, du pain sur la planche, et que cela peut la conduire assez loin, si elle a soin de ne pas le gaspiller. D'ailleurs, il nous plaît tout particulièrement de proclamer qu'entre tous les pays d'Europe, le nôtre paraît être le mieux en état de faire face aux circonstances prochaines. Précisément parce que le charbon de terre lui avait été mesuré par la nature avec parcimonie, la France n'a pas été tentée de donner, à son industrie, un développement excessif. La variété de son relief, la difficulté d'accès de quelques-unes de ses parties, ont rendu un peu moins rapide l'achèvement du réseau de ses voies ferrées et, par suite, l'expansion définitive de ses besoins intérieurs. Avec une législation favorable, son agriculture pourrait, sur bien des points, entrer dans des voies nouvelles, où l'industrie trouverait son compte. Enfin si la population est dépourvue de l'esprit d'aventure et répugne à aller chercher fortune au loin (ce que la nouvelle législation militaire lui rend d'ailleurs fort difficile), le robuste bon sens des masses, l'instinct si répandu de l'épargne et les heureuses facultés de la nation sont autant de conditions favorables, sur l'heureuse influence desquelles il est permis de compter. Que si, par surcroît, au lieu de s'épuiser en luttes stériles, les pouvoirs publics veulent s'appliquer à tirer parti de tant de bons éléments, nous avons la confiance que, quelque accidentée que doive être l'histoire économique de l'Europe au vingtième siècle, notre pays n'est pas celui qui y fera la plus mauvaise figure.

**FIN**

# TABLE DES MATIÈRES




PARIS. — E. DE SOYE ET FILS, IMPRIMEURS, 18, RUE DES FOSSÉS-SAINT-JACQUES.

9 782019 224448